黑龙江省
公众气象服务指导手册

刘艳华 主编

气象出版社
China Meteorological Press

图书在版编目（CIP）数据

黑龙江省公众气象服务指导手册 / 刘艳华主编. --
北京：气象出版社，2020.12
 ISBN 978-7-5029-7356-8

Ⅰ.①黑… Ⅱ.①刘… Ⅲ.①气象服务—黑龙江省—
手册 Ⅳ.① P451-62

中国版本图书馆 CIP 数据核字（2020）第 256702 号

黑龙江省公众气象服务指导手册
Heilongjiang Sheng Gongzhong Qixiang Fuwu Zhidao Shouce
刘艳华 主编

出版发行：气象出版社	
地　　址：北京市海淀区中关村南大街 46 号	邮　　编：100081
电　　话：010-68407112（总编室） 010-68408042（发行部）	
网　　址：http://www.qxcbs.com	E-mail：qxcbs@cma.gov.cn
责任编辑：邵 华 张玥滢	终　　审：吴晓鹏
责任校对：张硕杰	责任技编：赵相宁
封面设计：刀刀	
印　　刷：北京建宏印刷有限公司	
开　　本：889mm×1194mm 1/32	印　　张：4.125
字　　数：105 千字	
版　　次：2020 年 12 月第 1 版	印　　次：2020 年 12 月第 1 次印刷
定　　价：25.00 元	

本书如存在文字不清、漏印以及缺页、倒页、脱页等，请与本社发行部联系调换。

本书编委会

主编： 刘艳华

顾问： 于宏敏　邢德玺

编委： 付　雯　张译阳　王　楠　吕国君　金鑫鑫
　　　　高海虹　张玉博　白秀梅　白　钰　赵　晶

前　言

随着社会经济的快速发展和人民生活水平的提高,越来越多的政府决策部门、企事业单位以及社会公众对气象信息和气象服务的要求也越来越高,更多的受众希望获得更为精细化、多样化的气象服务信息,这对公共气象服务工作提出了更高的要求,气象服务产品要更加专业化、精细化和个性化。因此,大力提高气象服务信息产品的质量、提高气象信息的服务能力是气象从业者的崇高责任。

黑龙江省气象服务中心作为省级气象服务单位,承担着省级公众气象服务产品的制作工作;承担着面向省级媒体的公众气象服务信息和气象灾害预警信息的发布工作;承担着省级突发公共事件气象服务信息发布工作;承担着省级公众气象服务业务系统的建设和运行工作;承担着省级气象服务信息发布手段的建设和推广工作等。在日常的公众气象服务中,如何把气象服务信息发布给公众成为我们每天必做的事情,对天气形势进行既科学严谨又通俗易懂的分析，是我们进行公众气象服务的基础。

通过多年来对天气形势的解读，我们也积累了丰富的公众气象服务经验和成果，现在把这些经验和成果编辑成册，作为气象服务业务中的一些参考。

本书既可看作是对黑龙江省省级气象服务业务成果的总结和展示，也可为黑龙江省各级气象服务部门在日常气象服务中提供业务指导，从而更好地为公众提供专业、科学、优质的气象服务。

本书共分为7章，主要内容包括天气现象及系统解读、特色服务、数据应用、二十四节气解读、四季更迭、气象数据可视化产品及节假日天气服务，既有对天气的文字解读，也有对在全媒体气象服务中应用效果很好的可视化图形图表产品的展现。

目 录

前 言

第 1 章 天气现象及系统解读 001

    1.1 雾与霾 001
    1.2 冷涡 002
    1.3 强对流 003
    1.4 桑拿天 005
    1.5 台风 006
    1.6 短时强降水 008
    1.7 七下八上 008
    1.8 风寒效应 008
    1.9 寒潮 009

第 2 章 特色服务 011

    2.1 农业 012

2.2 旅游 …………………………………………………… 018
2.3 交通 …………………………………………………… 020
2.4 人体感觉 ……………………………………………… 022

第3章　数据应用 ……………………………………… **025**

3.1 降水数据 ……………………………………………… 025
3.2 气温数据 ……………………………………………… 027
3.3 温差数据 ……………………………………………… 033
3.4 特殊天气节点的数据应用 …………………………… 035

第4章　二十四节气解读 ……………………………… **041**

4.1 立春 …………………………………………………… 042
4.2 雨水 …………………………………………………… 042
4.3 惊蛰 …………………………………………………… 043
4.4 春分 …………………………………………………… 043
4.5 清明 …………………………………………………… 043
4.6 谷雨 …………………………………………………… 044
4.7 立夏 …………………………………………………… 044
4.8 小满 …………………………………………………… 045
4.9 芒种 …………………………………………………… 045
4.10 夏至 ………………………………………………… 045
4.11 小暑 ………………………………………………… 046
4.12 大暑 ………………………………………………… 046

4.13 立秋 …… 047
4.14 处暑 …… 047
4.15 白露 …… 048
4.16 秋分 …… 048
4.17 寒露 …… 049
4.18 霜降 …… 049
4.19 立冬 …… 050
4.20 小雪 …… 050
4.21 大雪 …… 051
4.22 冬至 …… 051
4.23 小寒 …… 051
4.24 大寒 …… 052

第5章 四季更迭 …… 053

5.1 四季的划分标准 …… 053
5.2 四季更迭撰稿技巧及示例 …… 055

第6章 气象数据可视化产品 …… 069

6.1 按时间分：实况与预报 …… 070
6.2 气象数据可视化形式 …… 103
6.3 动态图形产品 …… 108

第 7 章　节假日天气服务 ······ 111

    7.1　春运 ······ 111

    7.2　春节 ······ 112

    7.3　世界气象日 ······ 114

    7.4　清明节 ······ 115

    7.5　防灾减灾日 ······ 115

    7.6　高考 ······ 116

    7.7　十一假期与赏叶 ······ 117

    7.8　中秋赏月 ······ 118

第1章 天气现象及系统解读

对天气现象及系统的解读既可以是对一个名词的解释，也可以是针对一次天气过程的解读。它不同于网络上的名词解释，也非字典上精准通用的经典论述，而是量身定制的语言表达，兼有地域特色和省内气候特点。黑龙江省在日常公众气象服务中经常涉及到的对天气现象及系统解读主要包含以下几类。

1.1 雾与霾

这个概念是我们在服务时常用的，该天气现象在秋冬时节最常发生（图1.1）。通常"小寒"节气往往是黑龙江省逆温（高空气温比地面气温高）最强的一段时间，天气静稳，冷空气的懒怠、暖空气的增强使得黑龙江省的大气扩散条件转差，雾和霾发展增多。空气湿度增强，有利于大雾天气的产生。如此雾、霾混杂，对能见度和空气质量都产生了很大的影响。

图 1.1 夏、冬季天气对比示意图

1.2 冷涡

通常称"东北冷涡"。它是一个深厚的冷性低压系统,中心全部由冷空气构成,常常伴随降水、降温、大风、强对流等天气现象(图 1.2)。东北冷涡具有降水分布不均的特点,有时相距近百千米,降水量却相差 10 倍之多。从往年来看,春末夏初正是东北冷涡在黑龙江省发展最为活跃的时期(图 1.3)。

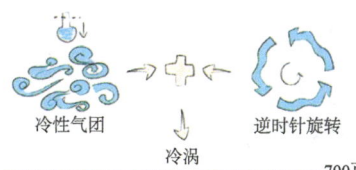 

冷涡是指出现在空中（一般指700百帕高度以上）的冷性低涡，其强度随高度的增加而增强。

图 1.2　冷涡形成示意图

图 1.3　东北冷涡出现天数季节比例（1981–2010 年）示意图

1.3　强对流

6月黑龙江省进入了一年一度的防汛期，此时，天气形势复杂多变，加强防范区域性洪涝灾害及其次生灾害尤为重要。此时节的降水很容易伴随短时强对流天气。强对流天气是指出现短时强降水、雷雨大风、龙卷、冰雹和飑线等现象的灾害性天气，它发生在对流云系或单体对流云块中，在气象上属于中小尺度天气系统。强对流天气是发生突然、移动迅速、天气剧烈、破坏力极强的灾害性天气，主要有雷雨大风、冰雹、龙卷、局部强降雨等。强对流天气来临时，经常伴随着电闪雷鸣、风大雨急等恶劣天气，致使房屋倒毁，庄稼树木受到摧残，电信交通受损，甚至造成人员伤亡等。一般来说，6月出现强对流天气的日数明显比5月多，而这种天气破坏力很强，世界上把它列为仅次于热带气旋、洪涝的具有杀伤力的灾害性天气。因此，建议大家多留意本地临近的预警、预报信息，警惕各种次生灾害的发生。雷暴、大风、冰雹等强对流天气影响交通出行，大家千万不要掉以轻心（图1.4—图1.5）。

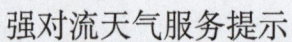

图1.4 强对流天气服务提示示例图

图1.5 强对流天气对交通影响示例图

1.4 桑拿天

例

针对黑龙江省出现的闷热天气，气象服务中对其解读如下：我省大部不仅气温高，同时由于副热带高压的西伸北抬，昨天我省各地的日平均相对湿度也普遍达到了70%以上，其中，庆安等9个县市甚至达到了90%以上，闷热感明显增强，随手就能触碰到的潮湿似乎是在告诉我们，三伏天不一定都是烈日艳阳的燥热，也可能是潮湿难耐的闷热，所以，大家要预防高温桑拿天给我们带来的危害。（2019年7月20日）

解析：入伏后的热不只是飙高的气温所造成的，还有另外一个重要的角色——水汽含量，也就是我们常说的空气湿度。黑龙江省伏天里高温天气不多，但是闷热天气会明显增多。有研究表明，当最高气温超过32℃，平均相对湿度大于60%时，人体就会有明显的闷热感。

图1.6和图1.7均为高温桑拿天时的气象服务内容。

小心高温桑拿天

在高温天气下，儿童如果不注意防暑，容易得呼吸道病、肠道病。
因此，平时要勤洗手，多注意卫生，室内注意通风。
大人要注意休息，
睡觉时空调温度保持在26℃以上。
平时保持心情舒畅，少发火。
饮食方面，多吃些西瓜，
喝些淡盐水，工人要避开正午高温作业。

图1.6 高温桑拿天的危害及预防措施服务示意图

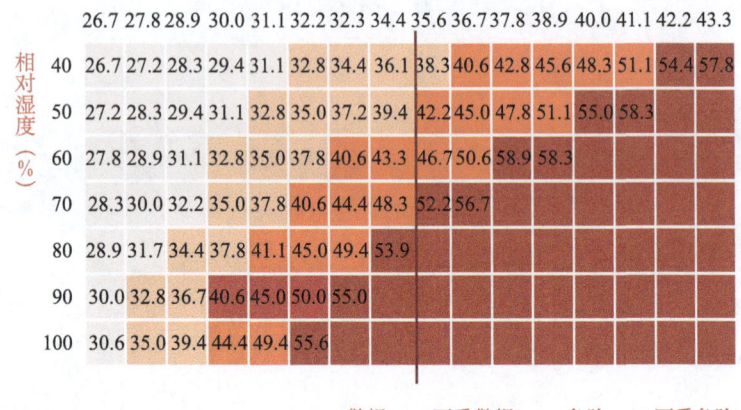

图 1.7 炎热指数

1.5 台风

例

13 日夜间至 14 日受台风"利奇马"残余云系和西风槽系统影响，黑龙江省的降水将再度增强。紧随其后 15—16 日台风"罗莎"外围云系和东北冷涡的共同影响也将给我省带来风雨天气。（2019 年 8 月 15 日）

解析：台风对我省的影响，分为直接影响和间接影响，通常影响我省的台风以间接影响居多，在气象服务中常常用台风外围云系来描述。我们在这次服务中除分析了台风外围云系的影响及降水预报，也为公众提出了本次天气过程应该关注的重点与建议，同时还提醒公众及时关注当地气象部门的天气预警和预报，不信谣，不传谣，在全媒体上进行了发布，维护了气

象部门的权威,取得了非常好的服务效果。图 1.8 是当时在龙江气象微信公众号上的发布情况截图:

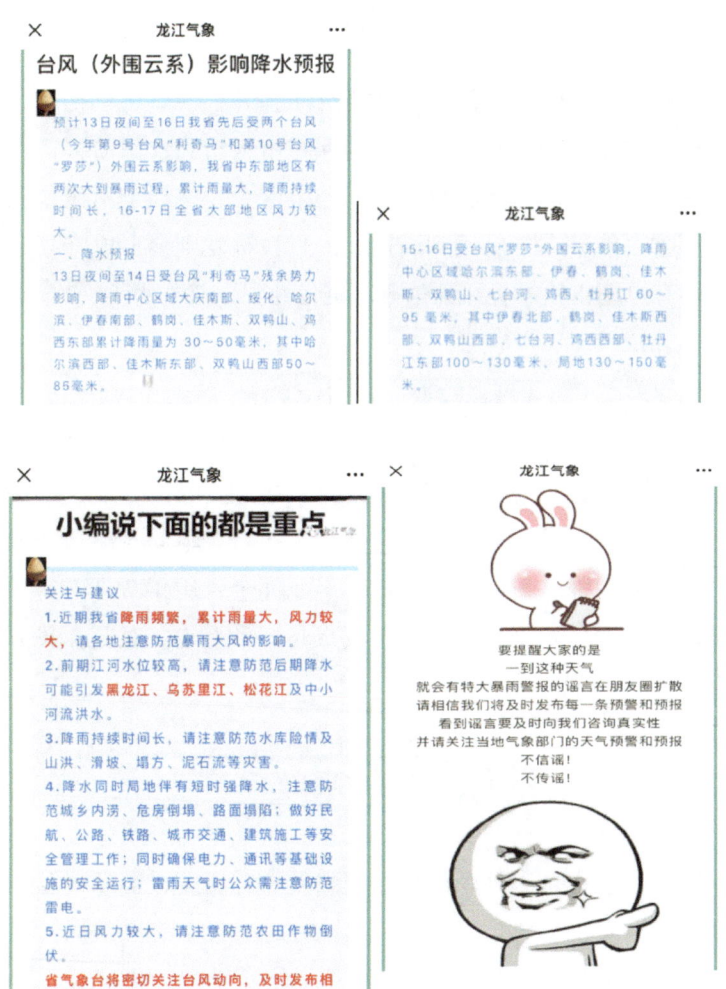

图 1.8　龙江气象台风服务截图

1.6 短时强降水

所谓短时强降水,就是1小时之内降水量达到或超过20毫米,有时甚至还会达到60、70毫米的降水,可谓大雨滂沱。而这种极端任性的降水往往容易引起城市内涝和农田渍害,提醒大家多加防范。由于盛夏气温高、湿度大,有利于不稳定能量的积蓄,能量在午后达到高值,一旦被触发则会形成降雨,常常伴有电闪雷鸣、强风骤雨等,突发性强,杀伤力大。

1.7 七下八上

"七下八上"指的是7月下旬到8月上旬的20天,是每年的主汛期,是暴雨等突发灾害性天气比较集中的时段,降水量占整个汛期降水量的一半左右。黑龙江全省历年7月下旬平均降水量位居各旬降水量之首,其次是8月上旬。对此,我们要有足够的警觉。

1.8 风寒效应

风寒效应是一种因风所引起致使体感温度较实际气温低的现象。有实验表明,当气温在无风时为10℃,在3级风时,人感觉到的气温为5℃,5级风时,人会感到气温像0℃时一样,而当7级风时,人就会感觉到气温和-3℃时相同。因此,从以上实验中大致可以计算出这样的数据:当气温在0℃以上时,风力每增加2级，人的寒冷感觉会下降到3～5℃；气温在0℃以下时，风力每增加2级，人的寒冷感觉会下降6～8℃。

1.9 寒潮

寒潮是强冷空气大规模侵袭，造成大范围急剧降温和偏北大风的天气过程。11月是黑龙江省寒潮和强冷空气出现频率最高的时段之一，这是因为11月基础温度较高，冷空气大举南下就会产生剧烈的降温，达到寒潮标准，而隆冬时节，温度已经很低，虽有降温，但很难达到寒潮标准。寒潮的具体标准如图1.9。

图1.9 寒潮标准服务示意图

第 2 章　特色服务

气象特色服务是指气象部门使用各种公共资源或者公共权力，向社会公众、生产部门等提供气象信息和技术的过程。气象特色服务是防御和减轻气象灾害、应对气候变化和建设更高水平小康社会的迫切需要，是气象部门强化社会管理和公共职能的有效途径，也是为增强气象服务在整个气象业务中的主导地位。在日常的公众气象服务中要不断提高特色服务的能力和水平。

黑龙江省是农业大省，是全国重要的粮食生产基地，农业气象服务在农业生产中具有举足轻重的地位。近年来，公众对农业气象服务的需求不断增强，在日常公众气象服务中提供有关农业气象情报、预报等服务成为快速、直观地传播服务信息的途径。同样黑龙江省也具有丰富的旅游资源，如独具一格的冰雪旅游、避暑旅游，气象编导可在电视节目中为游客提供交通旅游路线，发布气温、体感温度、穿衣指数等气象信息的温馨提示。

2.1 农业

农业为通过培育动、植物生产食品及工业原料的产业。农业属于第一产业,研究农业的科学是农学。农业的劳动对象是有生命的动、植物,获得的产品是动、植物本身。我们把利用动、植物等生物的生长发育规律,通过人工培育来获得产品的各部门,统称为农业。

农业与气象息息相关,农业气象五大要素——光、热、水、

气、风，其概念、形成过程、变化规律都与农业生物息息相关。自古以来，天气一直是影响农业生产的重要因素。不再"靠天吃饭"，而是根据天气预测趋利避害，乃至利用天气为农业服务，是农民和气象部门的美好愿望。农业生产对象和农业生产过程对气象条件的要求和反应的定量值，是衡量农业气象条件利弊的标准，也是开展农业气象工作的科学依据和基础，充分证明了做好农业气象服务的重要性。农业气象一方面研究农业生产对气象条件的要求、反应和影响，同时也研究气象条件对农业的影响，从而不断地揭示和解决农业生产中存在的气象问题，以保障农业丰产、稳产、低耗、优质，谋求农业的持续发展。

2.1.1 冬季

> **例**
>
> 近期气温起伏较大，低温对设施农业生产略有不利影响，农户们要及时加盖草帘或棉被，此外还要注意调节棚室内的温湿度，避免病害等发生。畜牧养殖户要及时投放饲料，并且要经常检查棚舍，确保禽畜安全越冬。设施农业要适时调节室内温、湿度，畜牧养殖户要选择适宜的天气放牧，还要给牲畜加强营养，增强体质，增加抵御低温的能力；粮食储户注意通风，避免捂霉。今天夜间到明天上午，我省西南部地区有轻到中度霾，哈尔滨局地有重度霾。建议粮食仓储尤其露天堆放粮食需加强巡查，注意通风。（2019 年 1 月 17 日）
>
> **解析**：进入冬季，冷空气入侵，大风、寒潮等天气多发，要进一步加强冬季灾害性天气预报服务工作。气象部门为农业

服务的主要目的是防灾减灾，增产增收，主要方式是为农业部门以及广大农民提供旱涝、低温、霜冻等灾害性天气的预报，提示农民在气象灾害到来之前做好防灾准备。

2.1.2 春耕

春耕是春季播种之前，耕耘土地。一年春作首，百业农为先。立春过后，春耕即将开始，春耕春播是全年农业生产的大头。我国幅员辽阔，南北区域跨度大，天气气候各不相同，各地春耕春播气象保障服务差异性明显，服务工作宏大而复杂。因此，做好该阶段的气象保障服务，对稳定粮食产量、促进经济社会发展意义重大。

例1

当前黑龙江省小麦和水稻正值播种期，由于最近一周气温和地温回升均较快，温度条件较好，对农业生产非常有利。气象专家提醒，未来三天受冷空气影响，全省将有一次大风降温天气。在温度波动时，广大农户在夜间需做好育秧大棚保暖工作，风力较大时，做好防风工作；涝区利用晴好天气，抓紧排涝散墒，适时整地，为大田播种做好准备。（2019年4月24日）

例2

东部和北部土壤偏涝及低洼地块需加强土壤排涝散墒，提高地温，争取适时播种。稻区可根据当地的具体天气情况管理育秧棚室，同时，各地要做好设施农业及育秧棚室的防风加固工作。（2019年4月1日）

例3

气温小幅波动、降水少、风力大，大部农区已进入备春耕

生产时期，农民朋友们要关注气象条件对春播生产的影响，水稻育秧棚室要关注大风影响。（2019年3月23日）

例4

每年3月开始，我省陆续进入备春耕阶段，3月上中旬气温低、多雪对我省南部准备春耕生产略有影响，3月下旬温高、少水天气使备春耕生产顺利开展。预计4月全省平均气温接近常年略高，平均降水量接近常年略多。根据预测，4月整体气象条件适宜或较适宜春耕生产，建议各地抓住有利的天气抓紧备春耕，中南大部农区做好水稻育秧准备工作。（2019年3月29日）

解析：春耕生产，年复一年，改变的是越来越贴心的气象服务形式，不变的是气象工作者护航农业生产、保障民生的本色。做好春耕春播气象服务是重中之重，每当春耕时，气象服务人员要对春播进度、近期天气条件及影响、未来天气及影响进行分析，并提醒广大农户，密切关注天气变化，抓紧做好备耕生产工作。

2.1.3 春旱

例1

松嫩平原西部要检修水利设施，做好防旱抗旱的准备工作。西南部常年易旱区目前个别县（市）已出现旱象，应做好防旱抗旱工作。我省处于作物播种、出苗期，降水偏少、土壤干旱，对旱区大田播种、出苗及水稻泡田和移栽存在不利影响。（2019年5月12日）

例 2

降水有利于部分旱区缓解旱情，建议各农区播种后，密切关注旱情的发生发展。专家指出，眼下抓紧有利时机，多打抗旱水源井是当务之急。除此之外，采用大型喷灌设备进行灌溉和膜下滴灌等播种形式能有效缓解旱情。对于个体农户来说，一定要在春播后及时镇压土壤，以保证土壤墒情，如果有大型喷灌设施则更有利于保春种，促进粮食增产增收。（2019 年 5 月 20 日）

解析：春旱是指春季的干旱。在北方地区，春季气温回升快，蒸发较强；夏季风弱，雨季未到，降水较少。春耕需水量大，但雨季未到，地下水位低，如果前期各地降水严重偏少，加之回暖早，就会使得农区旱情加重，所以做好春季气象服务工作是相当重要的。在此期间就要时刻提醒农业部门和农民朋友。

2.1.4　强对流天气对农业的影响

例

进入夏季，我省降水天气增多，需持续关注近期短时强降水、大风、冰雹等强对流天气，农户要注意收听天气预报等信息，重点关注农田内涝及北部低洼地块作物出苗及幼苗生长情况。强对流天气容易引起农田内涝、水稻浮秧倒苗、设施温棚受损、农作物幼苗受损等情况，农户需要注意收听气象台站发布的预警信息，及时采取措施减少损失。（2019 年 6 月 24 日）

解析：农谚说"清明要明，谷雨要雨"，这说明适时适量的降水为农业生产提供有利的条件，而反常的降水则会带来灾害。

黑龙江省强对流集中的时间正是农作物生长的季节，如果强对流天气过多、降水量较大就能造成大面积的涝害。雷雨、大风、冰雹等强对流天气都具有很强的破坏性，它们给人们的生产生活带来了极大的不便，甚至产生灾害，造成严重的经济损失。因此，无论农业生产、水利建设、防涝抗旱都需要及时准确地接收降水预报以及气象服务。对强对流天气的预报和服务是我国气象部门工作的重点，因此夏季做好农业气象服务，尤其是对农户的服务尤为重要。

2.1.5 秋收

例

建议农户近期注意天气变化，结合天气条件和作物籽粒脱水程度综合考虑开展收获工作。提示农区根据天气条件适时开展大田收获；收获后籽粒潮湿的需要及时通风晾晒，避免捂霉。（2019年10月4日）

解析： 秋收是指秋季收获农作物，秋收作物是当年春夏播种、秋季收获的作物，主要是玉米、水稻等。农谚说"三春不如一秋忙"，秋收期间会就发生的连阴雨、霜冻等气象灾害，气象部门应进行重点提示。进入9月下旬，"初霜冻"预报成为大家关注的焦点。面对秋收秋种气象服务的关键时刻，针对秋收秋种期间天气变化多、气象条件复杂等情况，气象服务工作人员密切关注天气变化和天气会商情况，结合黑龙江省各地的农业生产情况，利用气象服务产品平台，及时在气象影视节目、中国天气网黑龙江省级站、黑龙江省气象服务中心官方微博向公众发布气温走势和降水的范围、量级等信息，指导农业生产。

2.2 旅游

2.2.1 冰雪旅游

例 1

充分把握"冰天雪地就是金山银山",针对哈尔滨"冰雪大世界""雪博会"、牡丹江"雪乡"、漠河"北极找冷"等观光旅游提出最佳旅游路线以及旅游攻略。(2019年1月10日)

例2

如果遇到天气回暖,白天冰雪融化,冰灯景区需加强安全管理;南部和中部江河湖面开始融化,应注意安全;同时,大家出行时还需注意预防高空坠冰。(2019年2月28日)

解析: 黑龙江省地处高寒地带,具有得天独厚的冰雪资源。专家指出,从降雪、气温、地温来看,黑龙江省具有入冬时间早、冬季时间长、气温低、降雪早、积雪时间长、降雪量大等特点,具有发展冰雪旅游和冰雪产业独特的优势和条件。因此,冬季做好冰雪旅游气象服务是重点。

2.2.2 避暑

> **例**
>
> 进入 7 月我省开始进入避暑旅游的高峰,适宜的气温和优良的生态环境让黑龙江省一跃成为全国最佳避暑胜地,而针对今夏生态避暑旅游的个性需求,我省陆续推出了火山森林、鹤舞湿地、双湖秘境、乡居田园四条生态线路,为全国各地游客提供最丰富的旅行选择。需要提醒南方的游客的是,别忘要带件外套。(2019 年 7 月 1 日)

解析:黑龙江省夏季凉爽,众多的江河湖泊和浩瀚的林区是避暑的好去处。

2.3 交通

2.3.1 风吹雪

> **例**
>
> 高速公路上容易出现风吹雪现象,导致能见度降低,视野变差、轮胎打滑,影响行车安全,驾驶员朋友一定要关注最新的天气预报和路况信息,雪天行车时,首要一条就是减速慢行,注意瞭望,采取相应的防范措施。(2019 年 1 月 28 日)

2.3.2　冰雪高速实况提示服务

例

哈尔滨主城区从昨天夜间 10 点左右开始降雪，至今早 8 点降雪量已达 6.3 毫米，截至记者发稿前降雪仍在继续。降雪集中时段与交通早高峰重叠，道路湿滑情况严重，加之风力较大带来的能见度不佳，给市内交通通行带来明显影响。目前，哈尔滨绕城高速、京哈高速、哈同高速、哈牡高速、牡复高速、牡绥高速、大广高速、密兴高速、依七高速、鸡虎高速、建虎高速、建黑高速、哈伊高速赵家站至庆安站、绥北高速绥西站至海北站、鹤大高速鹤岗站至铁岭河站封闭，省内其他高速公路通行正常。（2019 年 3 月 21 日）

2.3.3　冻融交替

例 1

由于天气逐渐回暖，积雪冻融交替，省内高速路段或将出现道路结冰、团雾、风吹雪等现象，能见度差。行经高速遇到降雪等天气时，一定要保持车距，特别是转弯或下坡时，应将车速控制在能够随时停车的低速。（2019 年 3 月 2 日）

例 2

积雪仍存，又遇升温，"冻融期"出行您可别大意。受前期降雪影响，部分路段仍有道路结冰；冻融交替，易出现高空坠冰，请注意预防。（2019 年 3 月 22 日）

例 3

冰雪和大雾，受降雪影响，道路湿滑，夜间出现道路结冰，部分路段有大雾，能见度低，请注意预防。如果驾车途中前挡风玻璃出现雾气时，千万不可边开车边擦拭，因为一个小动作可能引来大祸。应利用车内空调器调节车内温度，清除雾气，或行至服务区进行清理，要注意的是，如遇突发状况在紧急停车带停车，一定要打开双闪灯，按要求摆放好警示标志。（2019年4月3日）

2.3.4 开春冰雪融化

例

气温的剧烈上升，会使冰雪融化，冰灯景区需加强安全管理；还可能出现高空坠冰、江面湖面开始融化，出行请注意交通安全。（2019年2月16日）

2.4 人体感觉

2.4.1 穿衣法气温比喻

例1

偏低的气温加上大风的作用，风寒效应明显，风寒效应会使我们的体感温度比实际温度低，对于南方来的朋友们来说可能有些吃不消，建议穿衣法采用"内薄软、中保暖、外防风"方式，款式上里面的衣服尽量宽松，外套一定要有收口设计，防止钻风。一般来说，家里的冰箱冷冻室温度都在-20℃左右，而此时黑龙江省早上7点钟左右的气温也就是如此，来到黑龙江就是要赏冰乐雪的，如果保暖工作做得不好，可能就要变成"行走的冰棍儿"了。（2019年1月23日）

> **例 2**

温差较大时可以采用"洋葱穿衣法",顾名思义,就是像洋葱一层一层似的,内层可穿排汗功能良好的衣物,中层衣物保暖,最外层防水防风,应付天气变化。视场合与温度,可一层层加上去或脱下来。(2019 年 4 月 1 日)

2.4.2 气温波动提示

> **例**

在雨水的浸润下,大部地区气温明显偏低。气温仍然较低,不过从后天起,各地将迎来气温的明显回升。波动不断的气温表现,时刻提醒我们合理的增减衣物尤为重要,不然在 7 月中被冻出感冒,可是显得有些搞笑。(2019 年 6 月 30 日)

2.4.3 湿热

> **例**

未来两天我省大部的气温虽说还达不到高温的程度,但由于空气湿度较大,潮湿闷热的感觉仍会较强烈,所以在防汛的同时仍需要注意防暑,此时节就是一个防暑与防汛肆意转换的时节。湿热的天气,实在让人难耐。人体内的湿气重了会觉得困倦,甚至皮肤起疹、没有食欲、手脚冰凉,多吃山药、薏仁、小米、绿豆等食物会减轻人体对湿热天气的不适感觉。(2019 年 7 月 8 日)

2.4.4 紫外线

> **例 1**

到 24 日、25 日,最高气温将飙升至 32℃以上,届时夏日

的热浪会骤然袭来，天气干烤，而且紫外线强，需要注意补水防晒。（2019年5月22日）

例2

如果不是必须，夏季尽量避免在早上10点到下午2点出门，因为一天当中，这段时间阳光最强、紫外线最具威力，对肌肤的伤害最大。（2019年7月23日）

解析： 预防紫外线伤害，应根据气象部门有关紫外线指数的预报，采取针对性措施。一般紫外线指数预报分为5级，各个级别对皮肤损害及应采取预防措施具体如下：1级，紫外线指数为0至2，紫外线照射强度为最弱，对人体无影响，不用采取措施。2级，指数为3至4，照射强度为弱，对人体影响基本正常，外出时最好戴帽子或太阳镜。3级，指数为5至6，照射强度为中等，对人体影响轻度，外出时最好涂擦防晒霜。4级，指数为7至9，照射强度为强，对人体影响较大，上午10时至下午3时尽量避免外出活动，不要在马路或无遮阳处长时间逗留。5级，指数大于10，照射强度很强，对人体损伤大，尽量不外出，必须外出活动应采取防护措施。因此，在夏季气温高，紫外线较强，要做好服务提示。

第 3 章　数据应用

气象服务在用数据说话时，气象数据不应仅仅是数字的堆砌，还要有恰当的语言表达，服务中应用到的数据主要分为以下几类：降水、气温、昼夜温差、冬季"三九""四九"、夏季"三伏"以及节气数据。数据表现形式堪称"花式对比"，包含单站数据对比、旬气温数据对比、历史排位数据对比、同一时段多地数据对比、创新低（新高）数据对比以及单站某一天气现象持续时间数据等。

3.1　降水数据

3.1.1　降雪实况＋交通＋农业服务

 例

昨日我省的降雪、降温、大风短暂弥补了今冬的亏欠，全省 10 个县市达到中雪量级，8 个县市达大雪量级，5 个县市达暴雪量级。由于降雪主要集中在半夜时段，至清晨已经结束，加之市政清雪及时，所以并没有给交通早高峰带来太大影响。农业此时需要加强温湿度调控，加固棚架，及时清理棚膜上的积雪，预防大风掀翻棚膜或积雪压塌棚架。（2019 年 3 月 12 日）

解析： 一段话字数虽少，却蕴含着丰富的信息——"弥补了今冬的亏欠"，说明前期降雪比历年同期少；接下来陈述降雪实况，包括降雪量级和降雪时段；以及降雪造成诸多影响，如开展清雪工作、交通、农业影响等，不足 150 个字就将这场雪的"昨天、今天和明天"交代得清清楚楚。

3.1.2　不仅仅是数据的堆砌，还要有恰当的表达

例

刚刚过去的"二九"没有"一九"冷，而且比常年同期偏暖。全省平均气温为 -16.6℃，比历年同期偏高了 3.2℃。而"三九"期间，冷空气虽然不会有一泻千里式的爆发，但依然不离不弃、细水长流般地渗透，持续的降温将使"三九"回归严寒本色。（2016 年 1 月 10 日）

解析： 表达"冷"，可以用客观的气温数值对比，也可以用主观感受去描述，如冷空气的进入方式是"一泻千里"还是"细水长流"，让枯燥的天气形势分析变成通俗易懂的生动描述，让受众像爱看文学作品一般地爱看天气预报。

3.2 气温数据

3.2.1 单个站点的列举式气温变化数据

例

当然气温也不可能总是处于低谷，冷空气来的时候打压得越狠，走了之后气温反弹也会越迅猛，剧烈波动之下，近期的气温确实有点不走寻常路。今后六天（2019年12月4—9日）的气温几乎是一路狂升，以省城哈尔滨为例，累积升温幅度甚至能达到15℃。从最高气温变化趋势（图3.1）可以看出，昨天和今天都比常年1月中旬还要冷，但是四天之后，也就是9日，最高气温将一举突破冰点，蹿升至1℃，比常年11月中旬还要暖和。（2019年12月4日）

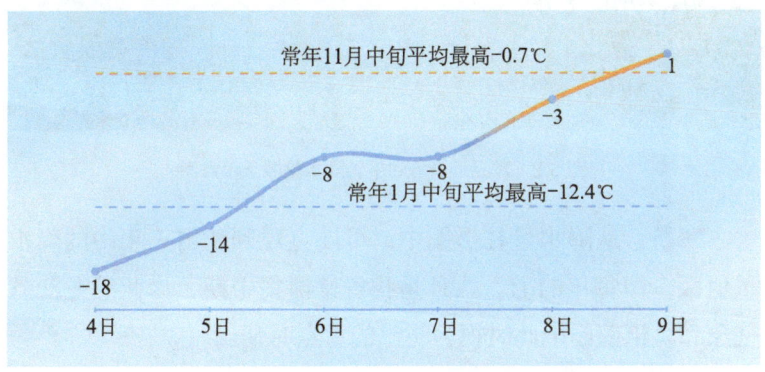

图 3.1 哈尔滨未来6天（2019年12月4-9日）最高气温走势图

解析：如果最高气温只用曲线表示如图3.1所示，无论从语言表述还是图形呈现上都会显得太过单一，如果把常年平均值等气象要素也加进来,对比之下受众更易理解,气温对比的感受也更深。

3.2.2 旬气温数据比较法

例

据统计,我省暴雨大多发生在每年的7月下旬和8月上旬,俗称"七下八上"。如图3.2所示,全省历年7月下旬平均降水量是53.2毫米,位居各旬降水量之首,其次是8月上旬。

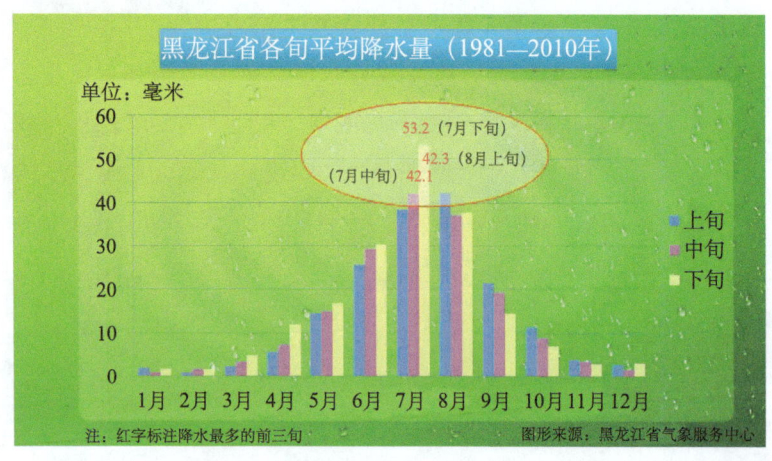

图3.2 黑龙江省各旬平均降水量服务示意图

解析: 从降水量柱形图中,可以直观判断出一年中的降水量值区,即每年的七、八月是我省暴雨集中期,为此黑龙江省气象和防汛部门把此时视为防汛的重点时期。

3.2.3 历史排位比较法

例

进入"三九",我省本该开启的严寒天气却爽约了,暖空气势力异常强盛,"三九"第一天(1月9日)我省东宁市气温为0.1℃,第二天(1月10日)东宁市气温为0.8℃,第三天(1月11日)肇源县气温为0.2℃,省城哈尔滨今天白天最高气温也升至近期最高点-2℃,与常年同期相比偏高了10℃左右(常年1月中旬最高气温平均值-12.4℃),在有气象记录以来的"三九"天里其温暖程度可以跻身历史前十名,相当于常年2月末3月初的感觉。(2019年1月12日)

解析:只说最高气温达到0℃以上,受众理解比较困难,只有一个"暖"的初步感受,但如果说跻身1961年以来的当地历史同期最高气温前十名,用历史排位法进行比较,受众很容易就理解了。

3.2.4 大面积创新低(新高)数据

例

春节期间全省有四分之三县市气温创去年入冬以来新低,像北部地区最低气温甚至一举突破-40℃,虽然现在已经春打六九头,却冷若三九。(2019年2月10日)

解析:如果只有一个或几个站点创气温历史新低,这个现象在冬天属于高频事件,也就不值一提,但如果全黑龙江省85个站点,有四分之三的地方在同一个早晨创下新低,那就是新闻。当个别站点不足说明问题时,编导可以从整体的角度看问题,这种比较的方法既能表达冷与暖,也能说明降水的多与少。

3.2.5 持续时间角度数据

例

近期暖空气开始活跃,没有雨雪天气的打扰,阳光当道,气温持续快速回升，已经较常年同期明显偏高，我省初春的气息也愈发浓郁。像哈尔滨从 2 月 17 日开始最高气温连续稳定在 0℃以上，预计这种状态还将至少持续到本月底，这是 69 年（1951—2019 年）来 2 月气象记录中的头一遭，之前的纪录是 2002 年 2 月 21—28 日，共 8 天。（2019 年 2 月 24 日）

解析：气温波动是天气变化的常态特征，但长时间偏高或偏低就是异常，所以，时间长度也是表述天气特征的方式之一。

3.2.6 各类数据花式比较

例 1

入冬以来最大的一场雪终于落下帷幕，这场雪拖泥带水，从周二延续到周五；这场雪漫天盖地，全省有 32 个县市的累计降雪量超过 10 毫米，5 个县市超过 20 毫米；在中东部积雪深度普遍超过 10 厘米，三江平原等地甚至超过 20 厘米。这是历史同期罕见的大雪。（2015 年 12 月 4 日）

例 2

刚刚过去的冬季（2018 年 12 月—2019 年 2 月）我省遭遇典型的暖冬天气，气温异常偏高，降雪异常偏少。全省平均降水量为 5.7 毫米，比常年少 63%，为 1961 年以来历史第二低。全省平均气温为 -13.7℃，比常年高 3.4℃，为 1961 年以来历史第二个暖冬。截至 2 月末，全省平均最大积雪深度为 3.7 厘米，比常年偏少 8.5 厘米，为 1961 年以来历史第一位。冬季日最低气温≤-30℃日数全省平均为 5 天，比常年少 6 天，为 1961 年以来历史第二位。（2019 年 2 月 28 日）

解析：关于雪，可从降雪持续时间、降雪量、积雪深度、与历史同期比较等多角度进行描述；关于气温，可从实况、持续时间、历史排位、历史同期值比较等角度进行描述,各类花式数据比较之下,受众对降雪或气温将有全方位的了解与感受。

3.2.7 单站点举例

例

说完降水,再来说说气温。以哈尔滨为例,在过去三天的时间里,最高气温始终维持在10℃左右,比历年同期偏暖,而从清明期间的气温预报走势我们不难看出,最高气温还想更上一层楼,4日居然突破了20℃大关。纵观近30年历史资料,哈尔滨的最高气温首次达到20℃以上主要集中在每年的4月上旬和中旬,而今年4月4日就突破20℃确实是暖得早了些(图3.3)。(2017年4月1日)

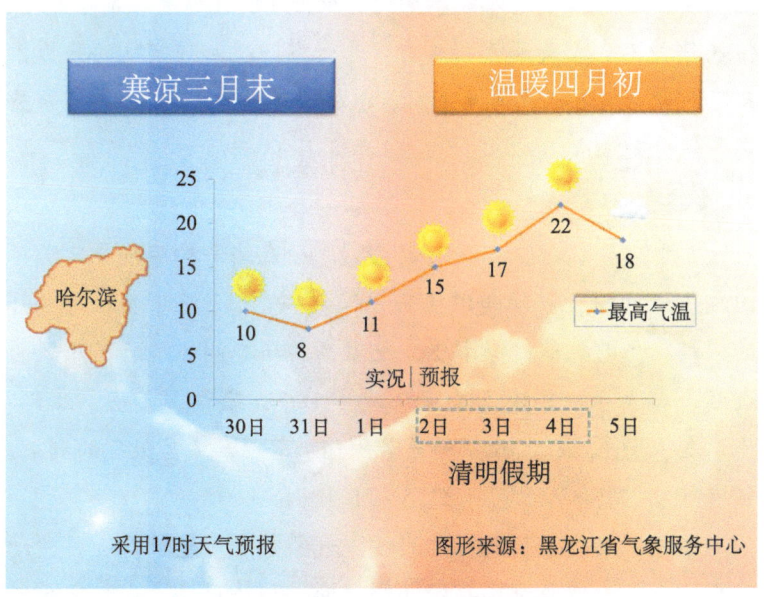

图 3.3 哈尔滨最高气温走势服务示意图

解析： 单站点举例是描述气温变化时经常用到的一种方法。选取一个具有代表性的例子，以点代面，能够让受众在短时间内知晓气温的变化，既有具体的气温数值的展示，又能体现幅度的变化与走势，清晰、简洁、易懂。

3.2.8 季节转换数据

例1

"立秋"以来，我省暑去凉来，秋意渐起，我们度过了一段清凉舒适的夏末时光，很多人开始捕捉秋天到来的痕迹了。但立秋并不代表真正进入气象意义的秋天，其实按照气象学的划分标准，连续5天日平均气温低于22℃才是真正的"入秋"，而哈尔滨常年的入秋时间在8月17日。根据最新气象资料统计，哈尔滨8月11日已进入气象意义的秋天了，比常年提前了6天。但入秋并不代表着夏天的离去，昨天在阳光和暖空气的强力推动下，燥热又在我省再度盛行，包括哈尔滨在内的11个县市最高气温升到30℃及以上。（2018年8月11日）

例2

7月以来（7月1日—8月20日），我省平均降水量比历年同期少近50%，平均气温比历年同期高1℃。眼下虽已是8月的末端，但前期这种降水少、气温高的状态明显拖后了入秋的进程，截至今天尚有西南4个地市（齐齐哈尔、大庆、绥化、哈尔滨）尚未入秋，但下周随着降雨、降温和大风天气的到来，极有可能"整体入秋"。（2016年8月26日）

解析： 每到季节转换的时候，气象编导都会计算5日滑动日平均气温，以此标准判定四季转换的具体日期，在气象服务中也会就当时的气候和人体感受做出详细解读。

3.3 温差数据

3.3.1 同一时刻、不同地域的温差数据

例1

冷空气中心近期始终位于我省以外的北部地区，造成我省气温持续较低。如图3.4所示，今天夜间，哈尔滨的最低气温为 -21℃，但在看完最北端漠河的气温之后，就不觉得那么冷了，因为哈尔滨未来24小时的最低气温比漠河的最高气温还高2℃，漠河最高气温为 -23℃，最低气温更是低至 -39℃。（2019年12月17日）

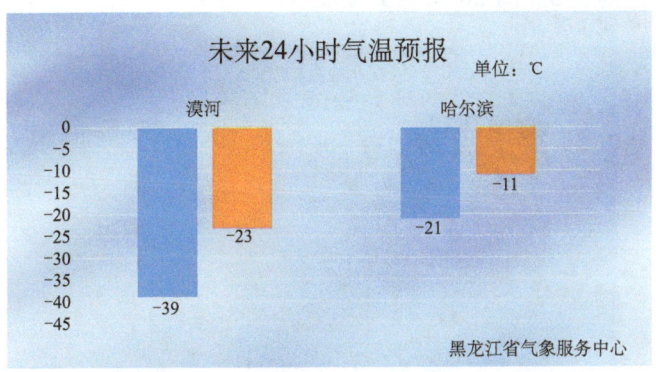

图3.4 漠河市与哈尔滨市未来24小时气温预报图

例2

昨天下午冷空气率先给大兴安岭带来降温，北极村的最高气温低至 -23.3℃，而位于我省东南部的牡丹江东宁，最高气温高达4℃。这两个地方同在黑龙江省，但一个西北，一个东南，

同时刻温差竟然相差 27℃。（2019 年 2 月 4 日）

解析：无论是同一气象站点不同时刻的变温，还是同一时刻不同地域的温差，亦或是一个站点的昼夜温差，我们看到的实况都能说明不同的天气形势对于时间、空间作用下产生的不同结果，只有透过现象看本质，我们的分析才能更到位，服务才能更精准。

3.3.2 同一地点，不同时刻的温差数据，即"变温"

例

刚刚过去的一周（2 月 18 日—2 月 24 日），我省平均气温比历史同期偏高近 10℃，而今天早上受冷空气影响，我省大部分地区普遍出现了 6～8℃ 的降温，大兴安岭地区降幅达 10℃ 以上，如图 3.5。（2019 年 2 月 25 日）

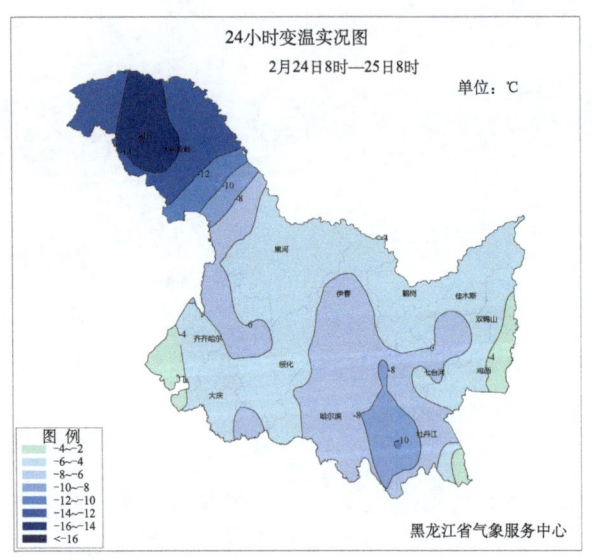

图 3.5　黑龙江省 24 小时变温实况图

解析：24小时变温实况图经常被用来呈现全省大范围的升温或降温，有助于受众清晰、快速地掌握冷暖空气给我省带来的气温变化。

3.3.3 昼夜温差

> **例**
>
> 本次冷空气无心恋战，速战速决，明天（2019年2月26日）起气温又将迅速反弹，并在今后10天重新回到整体偏暖格局，预计比历年同期偏高4℃以上，与常年3月中旬气温相仿，尤其到了本周末，南部地区的最高气温还会再次挑战10℃大关。此时正值冷暖波动频繁之际，白天晴朗升温，早晚气温低迷，昼夜温差可达14~15℃，需及时调整衣物穿着，以免着凉。（2019年2月25日）

解析：哈尔滨每年的4—5月、9月上旬至10月上旬，昼夜温差都是全年的最大值，平均超过12℃，其他月份通常在10℃左右。所以当昼夜温差达到14—15℃的时候，人体感觉会非常明显，气象编导在做公众气象服务的时候应当提示这一点。

3.4 特殊天气节点的数据应用

3.4.1 "三九""四九"对比

> **例1**
>
> 今天我省各地毫无"三九"该有的严寒，却迎来了剧烈的升温天气过程，这种"三九"气温不降反升的天气形势在历史

上也是不常见的。像今天 08 时与昨天同一时刻相比，全省普遍升温已达 4℃以上，北部部分地区升温达 10℃以上，大兴安岭的漠河甚至达到了 15℃之多。这股暖空气不仅势力较强，而且持续时间也较长，所以未来几天我省各地的升温也稳健有力，预计 9—12 日气温维持较高，南部部分地区最高气温可升至 −2—5℃，这样偏暖的状态一点不像"三九"的样子。（2019 年 1 月 9 日）

例 2

今天进入"五九"，从气象数据来看，黑龙江刚刚度过了一个"温暖"的"三九""四九"，以哈尔滨为例，"二九"较历年同期偏高近 2℃，但到了"三九"突然偏高了 5.6℃，刚刚过去的"四九"也偏高了近 4℃。时值 1 月下旬，却恍若 2 月中旬。（2019 年 1 月 27 日）

解析：用 2019 年当下数据与 30 年平均历史数据（1981—2010 年）做对比，虽然编导查询的数据量很大，但具有很强的气象服务价值。

3.4.2　三伏

例

昨天是三伏最后一天，今天正式出伏。无论从气温数据还是人体感觉来看，今年的三伏实在是有点"不在状态"。首先，我们以哈尔滨为例，今年三伏期间最高气温达到 30℃以上的日数只有 5 天，常年为 10 天。其次，受连阴雨影响，今年末伏气温持续偏低，末伏本应是一年中气温最高且又潮湿、闷热的日子，但今年的末伏比历年同期低 3℃以上，哈尔滨平均最高气温只有 23℃，与南方的持续高温相比，实在是"避暑胜地"

（图 3.6）。（2019 年 8 月 21 日）

解析： 从图 3.6 中可以清晰看出，今年末伏气温明显低于历年同期，不仅是"不热"，甚至是"有点凉"。并且纵观三伏期间，哈尔滨气温较为稳定，维持在 26～28℃，成为"避暑胜地"的有力数据支撑。

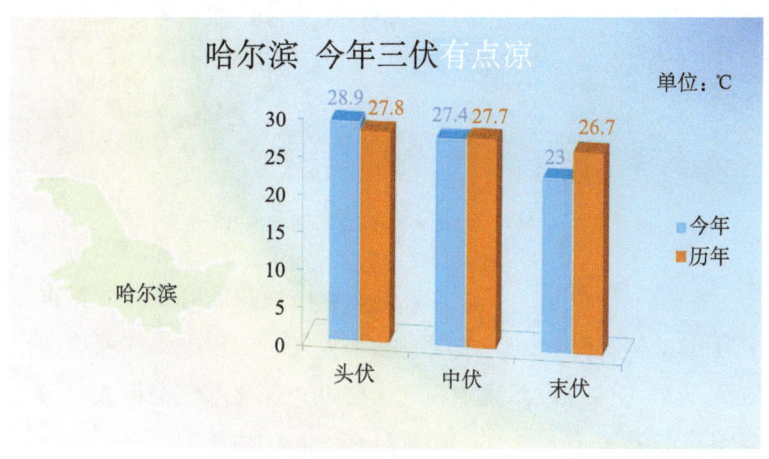

图 3.6　哈尔滨三伏气温对比服务示意图

3.4.3　小暑、大暑

例

今天迎来了二十四节气中的大暑节气。它与小暑节气一样，都是反映夏季炎热程度的节令。大暑正值中伏前后，全国大部地区都进入了一年中最热时期。昨天我省雨水表现得比较低调，而温度却是热情高涨，全省有一半以上的市县最高气温超过了 30℃，其中东宁以 36.1℃，达到高温标准线。高温高湿的天气，让人们仿佛进了桑拿房，闷热难耐（图 3.7）。（2018 年 7 月 23 日）

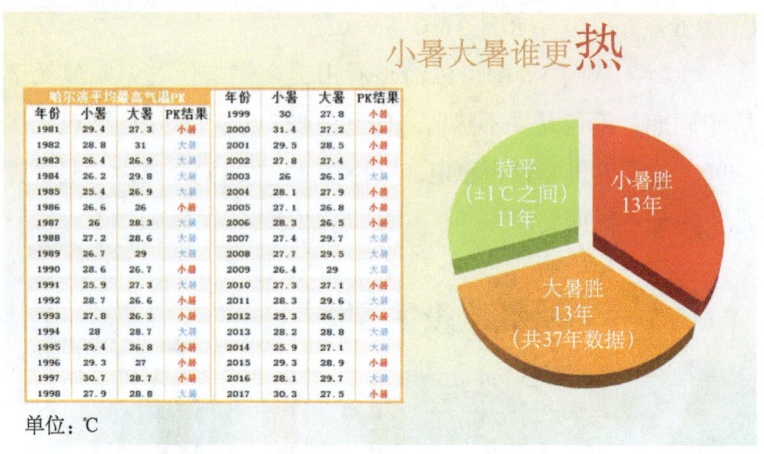

图 3.7　哈尔滨小暑大暑气温实况比较服务示意图

解析：在黑龙江省，大暑是一年中最热的时期，雨量也是一年中最多的时候，多大雨、暴雨天气。一年中，气温连续出现大于 25℃ 的日数多集中在这个时期，加之空气湿度大，形成高温高湿天气。

3.4.4　小寒、大寒

例 1

今天，迎来小寒节气，对于我国大部地区来说无论是从极端低温还是平均气温来看，小寒节气都是一年中最冷的日子。常年黑龙江省小寒节气的平均最低气温是 −25.1℃，而大寒节气是 −24.3℃。可见小寒"不小"，但也有少数年份的大寒气温低于小寒。俗话说"冷在三九"，而这"三九天"又恰在小寒节气内（图 3.8）。（2018 年 1 月 5 日）

解析：小寒、大寒是全年二十四节气中最冷的两个节气，意味着我们走进了数九天中最寒冷的一段时光。小寒、大寒气候严寒、风少、天气稳定，易出现雾或雾凇。

哈尔滨平均最低气温PK

年份	小寒	大寒	PK结果	年份	小寒	大寒	PK结果
1961	-28.9	-25	小寒	1989	-21.5	-24.3	大寒
1962	-21.5	-23.7	大寒	1990	-24.4	-30.9	大寒
1963	-27.6	-25.8	小寒	1991	-26.9	-23.3	小寒
1964	-22.2	-26	大寒	1992	-20.3	-19.9	持平
1965	-27.3	-23.5	小寒	1993	-27.2	-22.9	小寒
1966	-24.1	-24.1	持平	1994	-26.5	-27	持平
1967	-23.3	-17.2	小寒	1995	-20.6	-22.6	大寒
1968	-22.5	-28.2	大寒	1996	-19.8	-21	大寒
1969	-22.9	-27.2	大寒	1997	-20.2	-22.4	大寒
1970	-28.2	-27.8	持平	1998	-24.8	-21.8	小寒
1971	-19.6	-24.1	大寒	1999	-18.9	-18.7	持平
1972	-20.5	-24.5	大寒	2000	-25.5	-23.7	小寒
1973	-24.3	-22.6	小寒	2001	-30.5	-25	小寒
1974	-24	-29	大寒	2002	-18.8	-17.3	小寒
1975	-20.6	-21.4	持平	2003	-18.4	-19.6	大寒
1976	-24	-22.7	小寒	2004	-21.1	-20.9	持平
1977	-29.1	-29.5	持平	2005	-20	-21.6	大寒
1978	-23.3	-26.7	大寒	2006	-23.6	-22	小寒
1979	-24.6	-24.1	持平	2007	-17.8	-15.7	小寒
1980	-30.3	-24	小寒	2008	-23.6	-22	小寒
1981	-25.6	-23.7	小寒	2009	-20.9	-20.4	持平
1982	-25.7	-21.3	小寒	2010	-22.3	-19.5	小寒
1983	-23.1	-19.2	小寒	2011	-25.2	-23.6	小寒
1984	-25	-26.8	大寒	2012	-21.8	-24.6	大寒
1985	-25.6	-29	大寒	2013	-29.5	-21.4	小寒
1986	-23.5	-27.7	大寒	2014	-26.5	-21.4	小寒
1987	-27.7	-23.4	小寒	2015	-22.3	-21.8	持平
1988	-18.1	-20.8	大寒	2016	-24.2	-26	大寒
				2017	-21.8	-21.2	持平

单位：℃

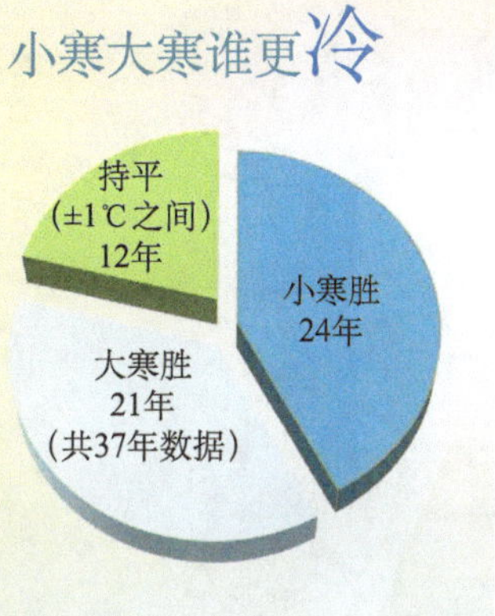

图 3.8　哈尔滨小寒大寒气温实况比较服务示意图

例 2

今天是“小年”，也是“五九”的第二天，回顾刚刚过去的“四九”可以说是温暖有余，降水平平，从 1 月中旬统计的气象数据来看，我省平均气温比历年同期偏高 4℃，降水接近历年同期。因为大寒节气本就是一年里降水比较少的时间段，所以当下降雪量较少也是正常的，但自打入冬以来气温持续偏高数月，这种情况还是很是少见的，尤其是明天白天我省南部一些地方的最高气温甚至还将飙升至 0℃，而往年这些地方的平均最高气温此时都在 -11℃左右，像哈尔滨如此温暖，自 1961 年有气象记录以来可以排名历史第四位。（2019 年 1 月 28 日）

解析：这段文字中首先概括了今年四九的天气特点：温暖有余，降水平平。接下来用陈列数据、气温比较、历史排名等多种方式支撑，证明哈尔滨气温偏高的事实，让受众从多角度都能感受到“近期真的偏暖很多”。

第 4 章 二十四节气解读

早在远古，我们的祖先在长期实践中，就开始摸索认知气候、利用气候。人类的生产、生活都是在气候环境下进行的。二十四节气的诞生，正是祖先认知气候的好例子。二十四节气是中国古代订立的一种用来指导农事活动的补充历法，是中国古代劳动人民长期经验的积累和智慧的结晶。

在现代气候学上，二十四节气所带来的规律性认识，有很大的借鉴意义。在日常的公众气象服务中，我们常常需要根据节气的变化，为公众解释每个节气的由来、气候特点以及此节气应该注意的事项。众所周知，全国二十四节气划分的时间虽然一致，由于中国幅员辽阔，各地的气候相差悬殊，并不适用于全国各地。为此我们在公众气象服务中需要根据地域特征和黑龙江省气候特点对二十四节气进行"本地化"，做出符合黑龙江省气候特征的诠释与解读。这些解读可以是一个单一的节气释义，也可以是两个相邻的节气对比。以下是我们在公众气象服务中针对二十四节气的一些"本地化"解读。

4.1 立春

经历了一年的风霜雨雪,二十四节气又开始了新的轮回。立春,虽然不是气象意义上春天的开始,但在人们心中却增添了一份冬去春来的美好希望。立春后气温回升,太阳照射时间增加。从此,天气渐渐变暖,万物有了生机,温暖的春天快要来了,但历年仍有春寒发生。立春是一个略带转折色彩的节气,这种转折在全国范围并不是十分明显。"律回岁晚冰霜少,春到人间草木知"的诗句形象地反映出这个时节的自然特色,不过这对于江南地区更贴切一些。立春时,江南地区早春的气息已扑面而来,而对于北方尤其是地处北疆的黑龙江省来说,此时还受着欧亚大陆的寒冷干燥气流的影响,正处于冬末时节,立春节气还远远不是春天的开始,只能说是春天的前奏。

4.2 雨水

雨水和谷雨、小雪、大雪一样,都是反映降水现象的节气。雨水节气的涵义是雨水开始降临,此时雨量渐增,气温升高。这个节气表示我国大部分地区少雨的冬季已经过去,天气一天天暖和起来,降水形式从此有由雪转雨的可能,但由于黑龙江省纬度高,升温并不明显,此时还是千里冰封万里雪飘的景象。

4.3 惊蛰

惊蛰是时光的闹钟,一声雷鸣,那些蛰伏于地下的昆虫就会被惊醒。惊蛰时节,恰好是黄河流域惊雷初起的时候。而在黑龙江省,春雷一般要到四五月份才能奏响。

4.4 春分

春分节气,一个"分"字,道出了昼夜、寒暑的界限。此时冷暖空气频繁交替,黑龙江省天气复杂多变,大风日数增多,雨雪常常牵手。

此时阳光直射赤道,昼夜几乎等长。春分过后,北半球开始逐渐昼长夜短,季节回暖日趋明显,我国广大地区越冬作物将进入春季生长阶段,黑龙江省南部积雪化尽,表土层开始化冻,北部存在积雪,南部地区在节气末有时出现雨夹雪,南风明显增多。

4.5 清明

清明结束了我省气温半年维持在零下的状态,气温有明显增暖,具有风多、湿度小、蒸发量大等特点,草木开始萌芽。春小麦、水稻开始播种。黑龙江省北部仍有积雪,南部降水已由雪转雨,北部仍为雪。清明时节,是黑龙江省大风天气偏多的时段,森林火险气象等级较高,是森林火灾重点防护时期。

4.6 谷雨

谷雨是雨生百谷的意思，这一天起，雨水增多了。"清明断雪，谷雨断霜"，气象专家表示，谷雨是春季最后一个节气，谷雨节气的到来意味着寒潮天气基本结束，气温回升加快，大大有利于谷类农作物的生长。黑龙江省北部地表开始化冻，土壤返浆范围由南向北扩展。此节气期间风力较大。黑龙江省北部地区由雪逐渐转雨，黑龙江省南部已闻初雷，有时还伴有冰雹。水稻、春小麦播种接近尾声，玉米、大豆开始播种。

4.7 立夏

立夏是夏季的第一个节气，表示盛夏时节的正式开始，但在黑龙江，更多的还是春天的天气特点，那就是气温的变化节奏快，不过，到了立夏节气，大风日数逐渐减少。立夏时期黑龙江省各地的农事活动也不尽一致，此时节黑龙江省常常是小麦出苗期和大田播种盛期，也是水稻秧苗管理的关键期，黑龙江省南部的大庆、哈尔滨、牡丹江一带此时是大田播种的末期，可以进行水稻插秧、烟苗移栽、蔬菜定植等农事活动；中部的齐齐哈尔、绥化等地是大田播种的鼎盛期，秧苗移栽尚未开始；北部的黑河和佳木斯等地大田播种处于刚刚开始阶段。

4.8 小满

小满是夏季的第二个节气。这时全国北方地区麦类等夏熟作物籽粒已开始饱满,但还没有成熟,约相当乳熟后期,所以叫小满。相比之下,由于黑龙江省温度低,各农时要晚很长一段时间,此时黑龙江省的春小麦正在绿油油地苗壮生长。由于这个季节正是候鸟北迁到黑龙江省度夏的时节,因此,黑龙江省有"小满鸟来全"之说。

4.9 芒种

芒种表示仲夏时节的正式开始,芒种的"芒"字,是指全国大部麦类等有芒植物的收获,芒种的"种"字,是指大部分谷黍类作物播种的节令。此时的黑龙江省,大田作物正处于出苗后的营养生长期,应当适时进行铲趟,所以在黑龙江省有"芒种开始铲"的说法。这个时节,黑龙江省暖湿空气明显加强,短时强降雨、雷暴、大风、冰雹等强对流天气逐渐增多。

4.10 夏至

夏至表示炎热的夏天已经到来。这时,阳光几乎直射北回归线,北半球白昼最长。黑龙江省从夏至节气以后才是酷热的开始,暖空气明显加强,降水也明显增多,有大雨、暴雨出现,有的年份也出现阶段性低温多雨天气,阵雨、雷阵雨、冰雹、短时灾害性天气较多。大田作物生长旺盛。

4.11 小暑

小暑和大暑、处暑、大寒、小寒一样,都是反映冷暖变化和温度高低的节气。小暑天气炎热,但还没有达到热的极点。黑龙江省大部分地区会出现30℃以上的高温天气,而且多数地方的极端最高气温都出现在小暑期间。此时南方暖湿空气大量入侵,降雨明显增多,各地多暴雨、大雨,山区多阵性降水,有时有冰雹发生。同时,大部地区相对湿度明显增大,所以说小暑节气是雨热同季的时节。有的年份受大陆暖脊控制,出现高温干旱。黑龙江省大豆、水稻、玉米开始进入旺盛的生长时期,小麦进入灌浆期。

4.12 大暑

大暑的意思是说暑热达到了极点,大暑节气正值"三伏天"里的"中伏"前后,是一年中最热的时期,气温最高,农作物生长最快,同时,很多地区的旱、涝、风灾等各种气象灾害也最为频繁。在黑龙江省,大暑是一年中最热的时期,雨量也是一年中最多的时期,多大雨、暴雨天气,"七下八上多大雨",而7月下旬和8月上旬基本都在大暑时段之内,所以大暑期间也是黑龙江省防汛、防洪、防涝的关键时期。有个别年也出现伏天大旱高温天气。一年中,气温连续出现大于25℃的日数大多集中在该时期,加之空气湿度大,易形成高温高湿的闷热天气,容易引发中暑,需及时提醒公众预防。黑龙江省大豆、水稻、玉米此时处于生殖生长初期，小麦处于灌浆末期或成熟期。

4.13 立秋

立秋是秋天的第一个节气，"秋"就是指暑去凉来。立秋是指植物快成熟的意思，我国大江南北从气候学的角度看，这个时节大都没有达到秋天的温度指标，我省虽然地处祖国最北端，立秋也并非秋天的开始，有些年份还会受到北抬的西太平洋副热带高压影响，出现高温高湿的闷热天气。不过从本节气开始，黑龙江省气温开始逐渐下降，早晚凉爽，降水开始减少，但由于还受到副热带高压影响，仍有大雨或暴雨的发生，降雨性质多连续性，还是在汛期之中。虽然说这时的庄稼长得又高又大，再不怕草欺了，但还要除草松土，地边路旁都要锄，正如俗话说"今年锄尽地边草，明年粮多虫害少"。立秋时节黑龙江省大田作物开始灌浆。

4.14 处暑

处暑节气，是秋季的第二个节气。"处"是结束的意思，暑气将快结束，秋来暑去，气温下降较快，天气变得凉爽了，雨量也比上一个节气减少。黑龙江省率先开启了一年之中最美好的秋高气爽的天气。黑龙江省大部地区大田作物处于乳熟期。

4.15 白露

白露是典型的秋天节气，进入白露节气后，暖空气逐渐退避三舍，冷空气转守为攻，西伯利亚冷空气经常南下，各地气温下降很快，日暖夜寒，夜间地面温度有时接近零度，贴近地面的水汽在草木上结成白色露珠，由此得名白露。常用"白露秋风夜，一夜凉一夜"的谚语来形容气温下降速度加快的情形。此时黑龙江省降水明显减少，加上秋风微微，已是秋高气爽之时，同时，黑龙江省北部地区有轻霜出现，早霜冻影响大豆的质量和产量，使玉米遭受冻害，影响产量。本节气有时还有雹灾出现，会影响个别地区。

4.16 秋分

秋分意味着秋天已经过半，"昼短夜长天更凉"是未来天气的主要特征。我国大部分地区已经进入凉爽的秋季，南下的冷空气与逐渐衰减的暖湿空气相遇，产生一次次的降水，气温也一次次地下降。正如人们所常说的那样，已经到了"一场秋雨一场寒"的时候，但秋分之后的日降水量不会很大。秋分正是黑龙江省深秋时节，黑龙江省大部地区处于秋收时节，天气稳定少雨，这对秋收十分有利，可以利用晴天精收细打，晾晒贮藏。但秋季降温快的特点使秋收显得格外紧张。随着冷空气势力加强，个别年份有寒潮降温或伴有雨雪天气，不利于秋收。

4.17 寒露

寒露属于秋季的第五个节气,从白露到寒露,露成了天气转凉变冷的象征。如果说,白露是炎热向凉爽的过渡,那么寒露就是凉爽向寒冷的转折。本节气在黑龙江省收获接近尾声,大部地区进行秋整地,由于天气稳定少雨,对秋收、晾晒、贮藏和秋整地十分有利。秋整地可以改良土壤,保持水土,提高土壤肥力、清除杂草,减少病虫害。个别年全省都受到强冷空气袭击出现寒潮降温,有时伴随出现冰凌、冻雨。

4.18 霜降

秋季的最后一个节气,也意味着冬天即将开始。霜降节气意味着天气转冷,露水凝结成霜,开始见霜的意思,它是表征气温发生明显变化的一个节气。不过霜降结霜反映的仅是我国黄河流域的气候特征,对于黑龙江省来说,此时早过了秋季初霜的日期。到了霜降节气,黑龙江省各地气温将大幅下降,自北向南开始冰冻大地,雨雪交加,天气转寒,秋冬交替的脚步明显加快了,已经能看到冬天的身影,因此黑龙江省有"寒露不算冷,霜降变了天"的说法。霜降节气时,黑龙江省秋收全部结束。

4.19 立冬

秋风萧瑟、枯叶遍地的光景渐去渐远，冬季已经拉开序幕。立冬时节，冷空气开始担当天气舞台的主角，所到之处，风吹雪飘，气温下降，甚至形成寒潮。从气候的角度来说，早在立冬之前黑龙江省自北向南都早已达到冬季的标准了，尽管如此，"立冬"以后，随着温度进一步降低，全省气温出现明显转折，全部由零上转为零下，均出现冰冻现象，江河逐步结冰。土壤逐渐冻结，开始封地。从此基本不再下雨，转为下雪，各地降水量明显减少，南部大部地区出现积雪。大田生产开始进入农闲阶段。

4.20 小雪

今天，我们迎来了冬天的第二个节气"小雪"。其实，黑龙江省往往是雪花最先光顾的地方。不仅南部在此之前就出现了小雪的身影，而且北部更是早已领略了大雪纷飞的壮观。此时，江水、河塘已经冻结成冰；农作物也进入了晾晒和储存阶段。总之，万物失去生机，天地闭塞而转入严冬。小雪时节，冷空气将频繁南下，进一步确立它的霸主地位，黑龙江省的气温也会降到一个新的水平。寒潮爆发时，还可能伴有大风雪天气。

4.21 大雪

大雪时节，冷空气在黑龙江省乃至全国都已经完全占据主导地位，天气会更加寒冷，而在冷暖空气交汇的地方，往往会降大雪，甚至暴雪。大雪节气，黑龙江省降雪有增大的趋势，气温也不断地下降。我国幅员辽阔，南北气候差异很大，虽然地处塞外的黑龙江省早在"大雪"之前就已呈现出迷人的冬季雪景，但我国黄河流域一带此时却才渐有积雪，再向南至江南一带，雪花甚是少见，但由于温度显著下降，常在这个节气后出现冰冻现象。"大雪冬至后，篮装水不漏"就是这个时节的真实写照。而此时黑龙江省冰雪旅游渐入高峰。

4.22 冬至

迎来"冬至"节气，"数九寒天"正式开启。之后，我们将走进一年当中最寒冷的一段时光。冬至以后白昼渐长，气温持续下降，冬至这一天开始数九，就是人们所说的"提冬数九"。我国地域辽阔，各地气候景观差异较大，黑龙江省千里冰封，琼装玉琢；黄淮地区常常是银装素裹；江南地区冬作物仍继续生长。

4.23 小寒

"小寒"从字面上理解，表示寒冷的程度还没有达到极限，意思是到了大寒才能冷到极限。但在实际的气象记录中，多年的气候统计结果却表明，小寒比大寒还要冷，可以说它是全年二十四节气中最冷的节气，对于我省大部分地区来说无论是从极端低温还是平均气温来看，小寒节气都是一年中最冷的日子，这意味着我们走进了数九天中最寒冷的一段时光。话说"冷在三九"，而这"三九天"又恰在小寒节气内。我省有"三九四九，棒打不走"的说法，民间有句谚语"小寒大寒，冷成冰团"，说的就是这两个节气天气寒冷的情形。

4.24 大寒

"大寒"是天气寒冷至极的意思，它是一年中最后一个节气。虽然称之为大寒，但由于这期间正处于"冷尾"，时令已经到了"四九"和"五九"，预示着大寒节气的中后段天气的寒冷气息开始收敛了，因此，就节气的整体温度情况来说，黑龙江省各地的温度往往都比上一个节气有所回升。平常年份，大寒节气的寒冷程度仅次于小寒。此节气寒冷少雪，气候干燥是这个时节的主要天气特点，要继续预防低温冻害。

第 5 章　四季更迭

黑龙江省地处我国高纬度地区，是典型的温带大陆性气候，气候资源丰富，每年四季温差可达 70℃以上。春、夏、秋、冬四季分明，且呈现出的气候特点十分鲜明。冬季漫长而寒冷，夏季短暂而炎热，春、秋季气温升降变化快，属于过渡季节，时间较短。受地理环境、海陆气团和季风的交替影响，各季气候差异显著。而四季交替的阶段，往往短促而激烈，如何帮助公众"平稳"地从一季过渡到下一季，有太多可以进行服务的关键点，这正是公共气象服务重要的用武之地，也是公众天气预报服务撰稿中不容忽视的重要一环。

5.1　四季的划分标准

要说明白四季，首先就要明确四季是什么，什么是四季的划分标准。深居北方的黑龙江省，有着独特的四季气候资源特点，对四季的划分需要更加精准和契合实际。公众天气预报服务力求准确、及时、高效、权威，在开展服务之前明确提出一套科学而精准的四季划分法，其重要性不言而喻。这也将为此后的四季更迭阶段的天气预报服务奠定下坚实而良好的基础。

当前阶段，我国普遍采用的气象学意义上的四季划分法，是在候平均气温法的基础上，以五日滑动平均法计算得出当年四季开始的精确日期。

5.1.1 候平均气温法

在气象学意义上，为了准确地反映各地的实际气温变化情况，我国划分四季常采用近代学者张宝堃的分类法，即候平均气温划分四季。

该分类法规定，候平均气温大于或等于22℃的时期为夏季，小于或等于10℃的时期为冬季，介于10℃～22℃的时期为春季或秋季。

5.1.2 五日滑动平均气温法

用候平均气温划分四季的方法能较符合当地的季节寒暖和农业生产等实际情况，但也尚存一些不太合理的人为因素。在日常的气象服务中，根据气象行业标准《气候季节划分》（QX/T152-2012）计算当年的入春、入夏、入秋、入冬日期。用五日滑动平均气温代替候平均气温，则既可保存其优点，又可消除其不合理的人为因素，从而使四季划分更为客观。

根据2012年发布的气象行业标准，春季起始日为滑动平均气温序列连续5天大于或等于10℃的第一日。夏季起始日为滑动平均气温序列连续5天大于或等于22℃的第一日。秋季起始的水汽，一场范围较大的雨雪天气蓄势待发，为此黑龙江省气象台今天发布了雨雪和道路结冰预报：4日夜间至5日夜间，全省将出现明显雨雪和大风降温天气过程，北部地区过程雪量可达大到暴雪，南部降水相态复杂，先雨或者雨夹雪，后期转成纯雪。（2017年3月19日）

例3

风力较大：周末风力增大，建立了一条天然的输送管道，使得暖空气由南北上，预计24—30日，全省大部有4~5级风，其中28—29日，风力可能达到6~7级，阵风8级，所以暖意融融的同时，必须警惕大风带来的不利影响——林区和城镇火险等级均高于历年同期，森林火险等级将升至3~4级，城镇火险等级4~5级，建议做好森林、草原和城镇防火工作。（2019年3月21日）

5.2.1.3　历史对比

例

其实从历史上来看，3月天气乍暖还寒，气温波动起伏较大，像哈尔滨历史上3月上旬气温的最高值与最低值相差28.7℃，3月中旬气温的最高值与最低值相差27.2℃，3月下旬气温的最高值与最低值相差28.1℃，可见3月气温波动之剧烈。（2018年3月17日）

5.2.1.4　重点提示

例1

冰溜坠落：目前，由于白天气温在0℃以上，积雪融化，而夜晚气温又降到冰点以下，冻融交替，房顶、屋檐等建筑物

上极易发生冰溜子、雪块滑落现象,大家外出一定要注意安全。(2017年3月11日)

> **例2**

道路结冰:虽然降水的量级不大,但此前的积雪给交通造成的影响余威未消,因此,哪怕是一点雨雪也会让此刻的路况雪上加霜,尤其是我省南部地区冻融交替,道路湿滑,大家外出一定要随时关注道路结冰预警信号的发布,注意交通安全。(2019年3月11日)

5.2.1.5 名词科普

> **例**

春捂秋冻:没错,现在又到了'春捂'的季节了。道理我们都懂,但您知道具体什么时候该春捂,而捂到什么时候该结束吗?请记住这样两个数字,8和15。首先说8:冬末春初,昼夜温差很大,当一天的最高气温和最低气温之间相差8℃以上的话,就说明是需要春捂的。而15则是上限的临界点,当最高气温持续低于15℃的时候,都需要捂一捂。以这个标准来看,眼下还是把温度排在风度之前吧。(2019年3月22日)

5.2.2 春季—夏季

5.2.2.1 变化趋势

> **例**

好在今天东北冷涡已减弱东移,我省的降水天气过程也走到了尾声,而紧随其后的是强暖脊自西部强势进入我省,明天起我省的天气形势再度逆转,由前期的气温低、降水多转为气温高、降水少，我省将快速迎来强烈的升温过程，炎热会逐步升级，本轮升温过程不是那种逐渐递进式，而是骤然爆发式，我省将迅速掀起一股高温热浪，23—25日，全省气温明显升高，中南大部地区最高气温将达30～35℃，24日西南局部地区可能超过35℃，请注意预防。（2017年5月22日）

5.2.2.2 典型特点

例1

升温：随着较强暖空气自西向东的移入，我省各地气温会依次快速回升，西部地区气温会持续较高，最高气温突破30℃，我们将感受到久违的夏季气息。来看哈尔滨，未来5天，阳光灿烂的日子会较多地陪伴我们，而明天气温也会快速攀升，之后一直持续较高，接近或超过30℃，高于常年6月中旬最高气温的平均值，一举扭转前期气温偏低的状态，炎热的感觉会再次回归。届时夏日的热浪会骤然袭来，天气干烤，而且紫外线强，需要注意补水防晒。（2017年6月12日）

例2

频繁降雨：在东北冷涡的影响下，我省近期降雨天气频繁。昨天除哈尔滨南部、牡丹江和鸡西的部分地方外，全省大部地区均有降雨。截至今早08时，过去24小时，全省有59个县站有降雨量统计，其中，9个达到中雨量级，佳木斯的汤原县以19.8毫米的24小时雨量领跑全省。（2018年6月10日）

例3

对流性天气：未来几天强对流多发，多短时强降雨、雷电等天气，强降雨持续的时间并不算太长，但雨量会很大，这种被压缩了的强降雨往往是又急又猛，一时难以消化，容易造成城市内涝和农田渍害，城区要做好下水管网疏浚工作，个别市县雨量较大的地方还要注意预防可能出现的次生灾害（如洪涝、山洪等）。另外，局部降雨的同时还可能伴有冰雹，需要做好人工防雹工作。（2016年6月7日）

5.2.2.3 历史对比

> 例

昨天，黑龙江省持续干热暴晒，"炎值"再度大幅提升，全省近一半的地方最高气温超过了35℃，达到高温天气标准，其中齐齐哈尔的龙江县以41.1℃的最高气温领跑全省，突破了1961年以来当地6月上旬气温极值。最热的地方主要集中在我省西南地区，齐齐哈尔、绥化大部最高气温普遍超过37℃，饱受高温炙烤。哈尔滨昨日最高气温为36.4℃，居6月上旬当地最热排名第三位，6月初炎热程度至此实属罕见。（2018年6月23日）

5.2.2.4 重点提示

> 例

强对流：今天白天到夜间，黑河、伊春、哈尔滨东部、牡丹江、鸡西局地易出现短时强降雨、雷暴大风、冰雹等强对流天气，公众应及时关注最新的临近天气预报，带好雨具提早出门，并警惕短时强对流天气带来的不利影响。本次降雨过程主要集中在明天，后天降雨强度减弱，但依然可能发生短时强降雨等强对流天气。（2017年5月30日）

5.2.2.5 名词科普

> **例**

冷涡：近几天，冷涡天气持续影响我省，并不断带来降雨降温过程。那么冷涡到底是什么东西呢？所谓'冷涡'又称'低涡'，就是在高空旋转的冷性涡旋系统，它的中心温度比周边要低。一般5月、6月时，冷涡最喜欢在我省盘旋，它有大小尺度的区别，当大尺度的冷涡也就是人们常说的'东北冷涡'控制我省时，从低空到高空都有表现，降雨、降温、大风、雷暴成为常客，'东北冷涡'一般可维持3天以上，有时长达6～7天。（2017年6月6日）

5.2.3 夏季—秋季

5.2.3.1 变化趋势

> **例**

在暖空气大行其道的时候，冷空气也不甘示弱，积极备战，今天是三伏的最后一天，明天我们将彻底告别给我们带来无数个暑热高温的三伏天，看来冷空气的到来也是顺理成章。南部地区的最高气温重新挑战30℃大关，尤其是中午时分依旧是盛夏的感觉，但早晚凉意渐浓，已经开始显现出秋天的痕迹。明天开始，冷空气将率先自我省西北部进入，之后一轮又一轮的大部队紧随其后，在未来一周内，我省将经历风、雨、降温的多重考验，届时秋意将更加明显，大家早晚外出要注意添加衣物了。所谓一场秋雨一场凉，当下的季节，气温在波动中逐步下滑，提醒大家要格外注意增衣保暖，而随着昼夜温差的增大，

夜间的保暖工作尤为重要。（2018年8月23日）

5.2.3.2 典型特点

例1

冷空气强势：9月中旬这个时候冷空气开始强势起来，暖空气虽有抗争却无法逆转渐行渐冷的季节转换规律，未来十天里冷暖空气活动频繁，各地降雨日数较多。16—18日有一次较弱的降雨天气，普降小雨，个别市县中雨。风和雨如同冷空气的翅膀，加快着季节转变的节奏，仿佛一夜之间，秋天就到了。18—20日全省大部继续维持气温偏低的状态，尤其是18—19日中东部地区还有4～8℃的降温，大部分地区最高气温为11～19℃；最低气温为0～9℃。（2017年9月11日）

例2

昼夜温差加大：我省的天气也随着冷空气的到来即将从炎热转为清凉模式，不过，这里需要提醒大家的是未来一段时间一直到立秋节气这30多天，也是一年中昼夜温差较大的一段时光，可能白天我们还觉得暖意融融，但早晚已经是凉风阵阵，所以大家要随时关注天气变化，及时添加衣物。（2017年8月19日）

5.2.3.3 历史对比

例

昨天已走出了三伏天，但大家对今年夏季有点恋恋不舍，感觉今年的三伏天并未体会到常年该有的状态，同时8月以来的连续阴雨天气也让我省的日照时数明显减少，像哈尔滨8月1—21日平均日照时数仅为2.9小时，比常年（7.3小时）少4.4小时，阳光的缺席加剧了我省的气温持续走低，今年我省的秋

意来得更早一些，像哈尔滨今年入秋日（8月8日）就比常年（8月17日）提前了9天。（2019年8月22日）

5.2.3.4 重点提示

> **例1**

初霜冻：明天早上大兴安岭部分地区的最低气温将降至0℃或0℃以下，后天早上虽然高空的冷空气不再那样强盛，但地面风力减小，高压系统进入，气温也依然很低，8—9日，大兴安岭大部有霜冻，黑河、伊春北部、齐齐哈尔北部局地有轻霜，其中，海拔较高的地区有霜冻。请有关单位和个人注意做好预防工作。建议初霜来临时，对于低洼地块，采用一些人工措施预防早霜，如采用熏烟法、覆盖法、灌水等方法减轻早霜危害。（2016年9月17日）

> **例2**

气温骤降：正所谓一场秋雨一场凉，连绵不断的降雨给我省大部地区的气温也带来震荡不断的波动。以哈尔滨为例，今明两天持续回暖，明天的最高气温有望达到25℃，但后天便明显下降，此后到下周初，最高气温维持在20℃左右，夜间则在10℃上下徘徊。再次提醒大家，注意适时增添衣物，尤其是夜间睡眠时的保暖准备更加不可忽视。（2018年9月13日）

5.2.3.5 名词科普

> **例**

秋老虎：秋老虎来了。那么秋老虎到底是什么东西呢？一般来说，秋老虎在民间指立秋以后短期的回热天气，气象学上指处暑节气后连续5天最高气温在35℃以上。秋老虎一般发生在 8 月、9 月之交，持续日数约 5～7 天。对于我省而言，一般在 30℃以上就是难得的热天气了，我们似乎也可以称之为秋老虎。（2018 年 9 月 2 日）

5.2.4 秋季—冬季

5.2.4.1 变化趋势

例1

现在 10 月已经进入尾声了，这是秋冬过渡的重要月份，也是冷暖空气斗争激烈，甚至可以说是白热化的月份，而月末冷空气的强势表现也让龙江大地从北至南入冬，如同连续剧完成了大结局。（2018 年 10 月 31 日）

例2

近期，冷空气频繁展开攻势，昨天冷空气到达之后除了全省大部出现了 4～5 级风，东部阵风 8 级以上之外，降温也是较为明显，今早 8 点中南部地区与昨日同时刻相比普遍降温 4～6℃，北部地区甚至降温 8～10℃。就在一股一股冷空气接连到来而形成的叠加效应之下，我省气温顺利完成由凉到冷的转变，预计明后两天，我省最高气温有望创入冬后新低，像哈尔滨白天最暖和的时候也只有 0℃左右，再加上大风的配合，"风寒效应"更加明显，外出一定做好保暖工作。（2017 年 11 月 11 日）

5.2.4.2 典型气候特点

例1

寒潮：十一月份依然是寒潮和强冷空气出现频率最高的时

段之一,这是因为 11 月基础温度较高,冷空气大举南下就会产生剧烈的降温,达到寒潮标准,而隆冬时节,温度已经很低,虽有降温,但很难达到寒潮标准。今明两天,随着冷空气的快速推进,全省大部地区有一次雨雪、降温天气过程。降水量级不大,但由于前期气温较高,所以本轮冷空气带来的降温更为突出,为此黑龙江省气象台今天 10 时 00 分发布寒潮蓝色预警信号。(2018 年 11 月 3 日)

例 2

降雪降温大风过程:前几日冷空气带来的雨雪降温余威仍在,新一轮冷空气又携风带雪接踵而至。今明后三天,全省大部分地区将经历一次降雪、大风、降温天气过程。为此,省气象台今天中午发布了中到大雪和强降温预报。气温下降明显,提醒大家注意增添衣物,做好防寒保暖的准备工作,降雪集中的地区,可能有对交通产生影响的道路结冰和积雪出现,请外出注意行车安全。另外,风力较大,请注意做好防风的准备工作。(2017 年 11 月 20 日)

5.2.4.3 历史对比

例

昨天,在暖空气的影响下,我省各地度过了温暖的周日,南部的许多地方最高气温都升到了 10℃以上,像哈尔滨昨日最高气温达到了 13.5℃,排在了自 1961 年以来历史同日气温的第三高,在此时节,这样的温暖对于我省来说显得弥足珍贵。(2017 年 11 月 6 日)

5.2.4.4 重要提示

例1

道路结冰、雪阻：今明两天中东部地区降水，同时伴有4～5级风，各地气温下降5～7℃，能见度低，道路湿滑，易出现道路结冰，雪量较大地区有雪阻，请注意预防。请各地做好清除冰雪工作，同时加强机场、铁路、公路等交通安全管理；做好电力、通信等基础设施安全运行保障工作。道路结冰将给大家的交通出行带来不利影响，请交通、公安等部门按照职责做好道路结冰应对准备工作；驾驶人员应当注意路况，安全行驶；行人外出尽量少骑自行车，注意防滑。（2018年11月9日）

例2

空气质量：今天凌晨北部地区普遍有雾，预计15—18日空气湿度依然较大。而且这四天时间里还处于升温过程中，早上容易出现逆温，再加上风小，所以，凌晨这段时间也容易出雾，请注意防范。（2018年10月17日）

例3

暖空气是一把双刃剑，气温高了，大气扩散气象条件又会转差，我省南部地区预计明后两天还会有中度到重度霾，局地严重霾，请注意预防。另外，南部部分地区能见度小于1000米，请有关单位和个人注意做好预防工作。预计今天夜间的前半段时间大气扩散条件依然较差，后半夜随着中西部地区降水开始、风力加大，大气扩散条件逐渐转好。（2017年10月22日）

例4

提醒您恶劣天气下尽量减少外出，如果必须出门一定注意做好佩戴口罩等防霾措施，并尽量缩短在室外停留的时间。"十

面霾伏"的日子里,希望您心中依然阳光晴朗。(2016 年 11 月 6 日)

5.2.4.5 名词科普

> 例1

坐冬雪:这轮降雪也可能会开启"坐冬雪"模式。所谓"坐冬雪"指的是入冬后的第一场较大降雪。这场雪后气温猛降,积雪长期不化,有的地方群众称之为雪"坐住"了。总之,冷空气将用降雪、降温宣告一年当中冬天主导的时间段正式拉开帷幕了。(2017 年 11 月 9 日)

> 例2

风吹雪:本轮降雪较大,加之风力明显,易出现风吹雪现象。"风吹雪"是一种由气流挟带起分散的雪粒在近地面运行的多相流的天气现象,又称风雪流,简称吹雪,俗称白毛风。大风携带着大量的雪粒在空中飞舞,在公路上开车的时候甚至比大雾天气还要危险,无法确定什么时候风会变大,视线会突然很差。在这样的情况下,很容易因为无法看清路况而发生交通事故,提醒您注意交通安全。(2016 年 11 月 14 日)

第 6 章 气象数据可视化产品

对于公众气象服务来说,气象信息本身具有强烈的数据基因,在大数据思维的支撑下,数据新闻已不再是以前由文字到图形、图表的单纯转换,而是需要我们找到隐藏在数据背后的内容,整合"碎片化"信息,通过数据专题来分析解读社会事件,让信息增值。如今以统计为主的数据专题模式在各大影视媒体以及新媒体中得到了广泛应用。

数据可视化产品在建立过程中用到的产品众多,如数据库采用 CIMISS 数据;数据查询系统包括 MESIS、天气业务内网、一体化平台电脑版和网页版、黑龙江气候、黑龙江省公共气象服务平台、MICAPS4.0、雷达基数据等;制作系统包括天幕、蓝派制图、3D Live、Photoshop、3Dmax、Edius、EXCEL、PPT 等。

黑龙江省气象编导如何将海量的数据和庞杂、纷乱无序的各类素材有效整合,并高效检索和利用,是制作气象数据可视化产品的难题之一。气象服务中心编导团队历经三年摸索，逐渐形成了一套成熟的图形产品，以下按照不同的分组方法进行总结。

6.1 按时间分：实况与预报

天气实况，通俗来说是指已经发生的实际天气资料，既包含近期刚刚发生的，也包含多年前历史气象数据；而天气预报是使用现代科学技术对未来某一地点的状态进行预测。"以史为鉴"，正是通过千千万万个已经发生的实况，预报员才能总结出天气规律，所以实况与预报产品同等重要，通过这些图形，我们就可以了解到每一次天气过程以及"昨天、今天和明天"的故事。

6.1.1 实况

6.1.1.1 最低气温实况

例

2月的后半段，对于黑龙江省来说，冬天还未离开，春天却已经开始靠近，回暖已是大势所趋，一股暖空气正在巡游，唤醒我们已经封冻了大半年春的记忆。今天早上7点，全省气温大都在零下10℃，北部地区甚至普遍低于–20℃（图6.1）。（2019年2月18日）

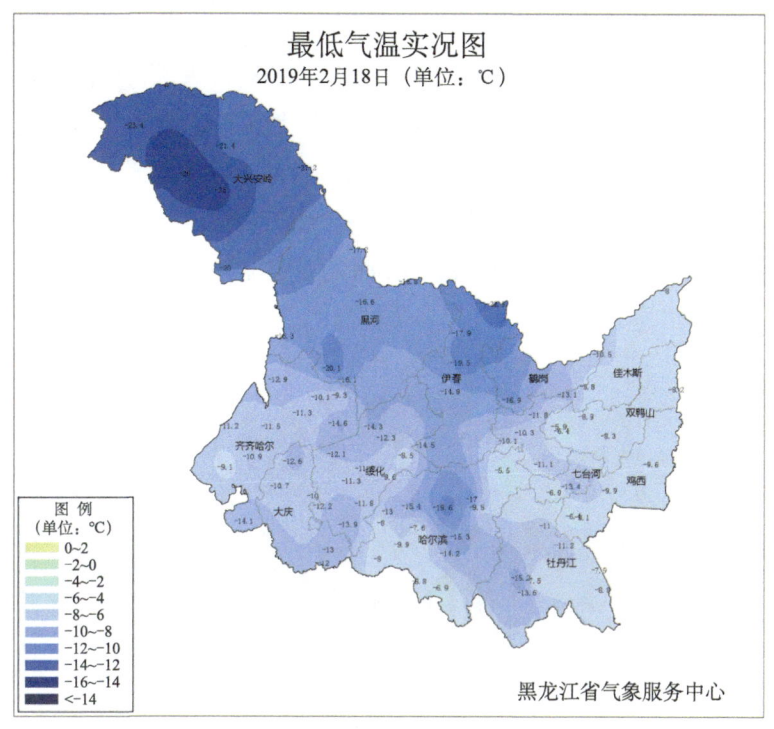

图6.1 2019年2月18日黑龙江省最低气温实况分布示意图

解析：从这段稿件中可以看出，早上的最低气温实况只是一个参照物，编导真正想要表达的是白天升温猛烈，表明春天临近，只有用前期的"冷"，才能衬托后期的"暖"。

6.1.1.2 最高气温实况

气温实况分布图对于辨识气温最高（最低）的地区非常有帮助，颜色的差异一目了然，暖（冷）气团进入的位置也很容易确定，长期观察色斑分布图就会发现，夏冬两季的极端气温总是出现在几个固定的县市，这和大气环流、地理位置以及地势都有着密切的关系。

黑龙江省地处北纬43°26′～53°33′，通常来说，气温自南向北呈递减趋势，从图6.2可以看出，大兴安岭地区气温颜色为淡青色，对应14～16℃区域，同一时刻，我省南部已呈现出高于20℃的橙色，气温跨度为6～8℃。综观春、夏两季暖气团常常自南向北进入黑龙江省，而气温实况分布图也恰恰验证了暖气团是如何把我省气温步步推高的。

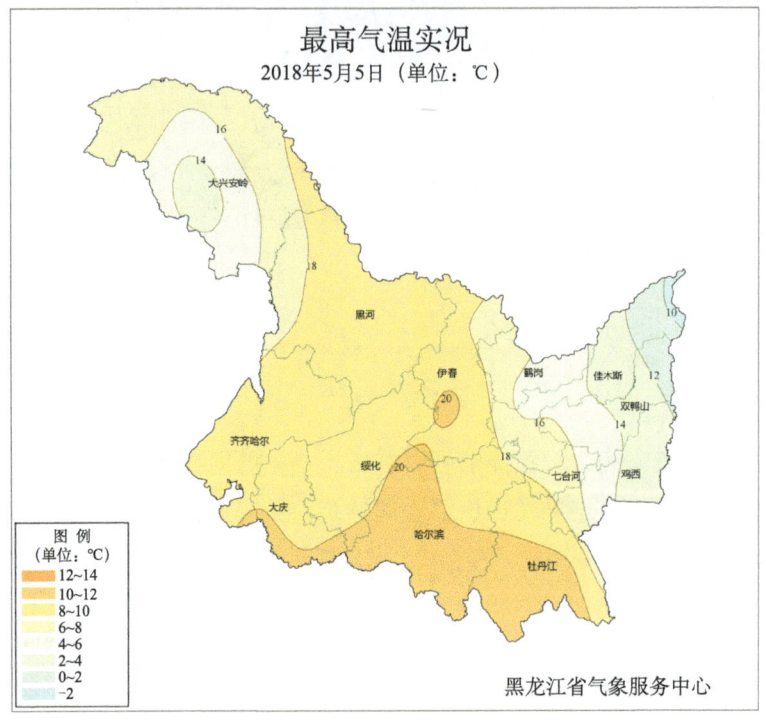

图6.2　2018年5月5日黑龙江省最高气温实况分布示意图

6.1.1.3　24 小时变温实况

黑龙江省气象服务中心编导团队通常会采用 08 时的 24 小时变温实况,来直观地表达出升温或降温的区域及幅度。

日最低气温下降 8℃以上,是发布寒潮蓝色预警信号的必要条件之一,由图 6.3 可知颜色最深处——大兴安岭的深蓝色区域降温幅度已经达到 16℃,降温剧烈程度可见一斑。相较之下我省中部地区颜色较浅,降温 4～6℃,分析得出结论——冷空气中心位于大兴安岭地区,其他地区依距离远近寒冷程度依次递减。

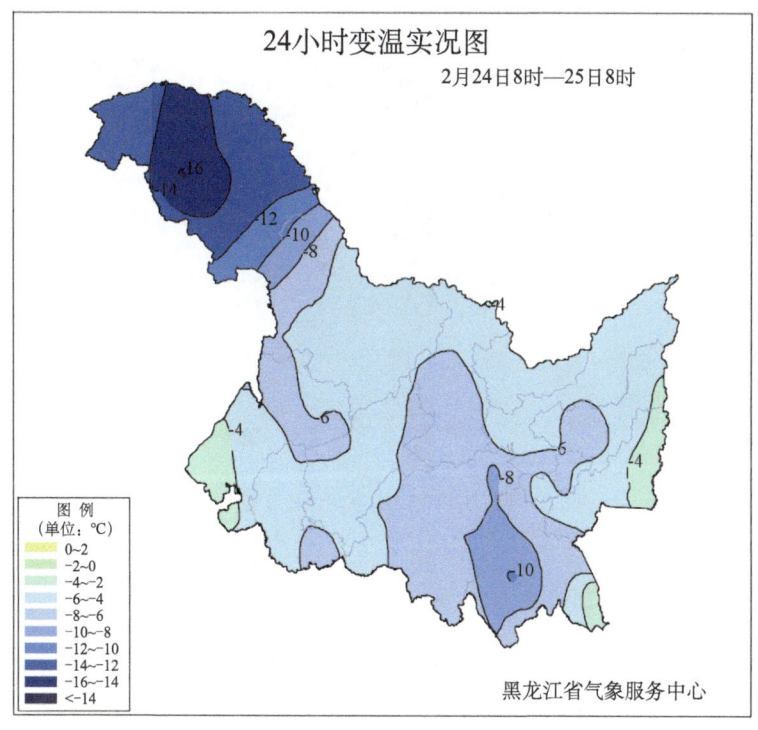

图 6.3　2019 年 2 月 25 日黑龙江省 24 小时变温实况示意图

6.1.1.4 时段内最低气温实况

图 6.4 显示的是 2018 年冬天的最低气温极值，大兴安岭以及伊春北部已经"冷得发紫"，最冷的地方气温低至 -43.5℃。从图上能够看出黑龙江省北部最冷，牡丹江地区相对温暖。

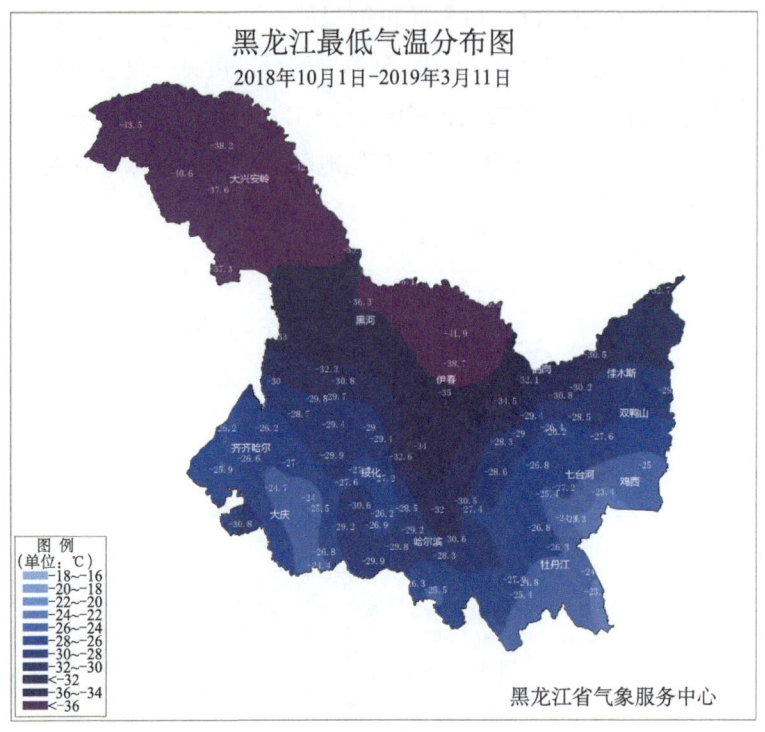

图 6.4　2018 年 10 月至 2019 年 3 月黑龙江省最低气温实况分布示意图

6.1.1.5　24 小时降水实况

黑龙江省气象服务中心编导团队经常采用 08-08 时的降水实况。从图 6.5 中，清晰可见降水最大的地方集中在黑龙江东部地区，全省自西向东有着雨量逐渐增大的规律，可判断出降水系统的中心就在佳木斯。

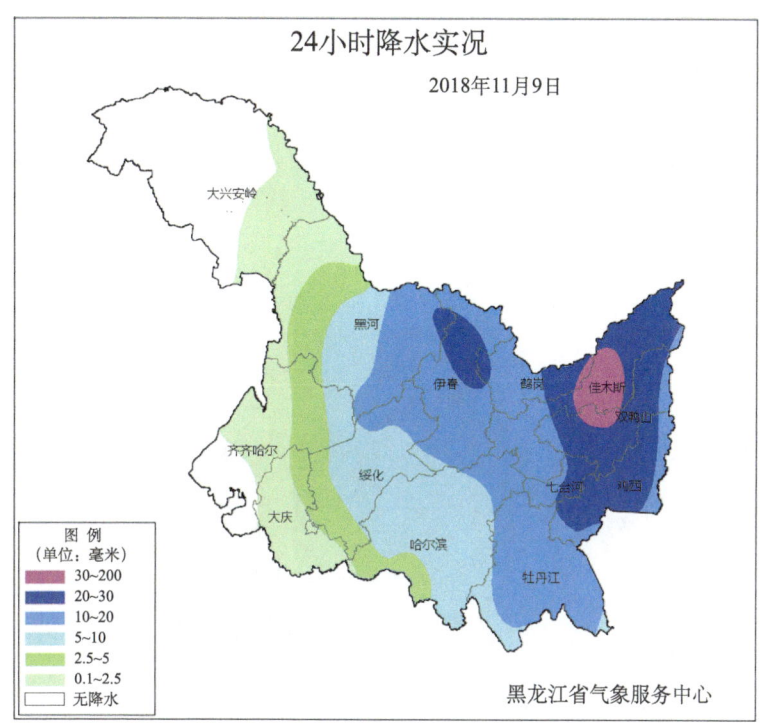

图6.5 2018年11月29日黑龙江省24小时降水实况分布示意图

6.1.1.6 累计降水实况

通过调取一个月的数据，或者任意选取一段时间，即可得出黑龙江省85个站点的累计降水量，不同的地方、不同的季节、不同的年份降水量各有差异，通过数据的统计编导就能总结出降水的规律。

图6.6中，西部地区累计降雪量为小雪量级，用淡绿色表示，而中部地区降雪量普遍达中雪量级，用草绿色表示，我省

东北部雪量更大,达大雪量级,用天蓝色表示,因此全省自西向东依次呈现降雪量递增规律。

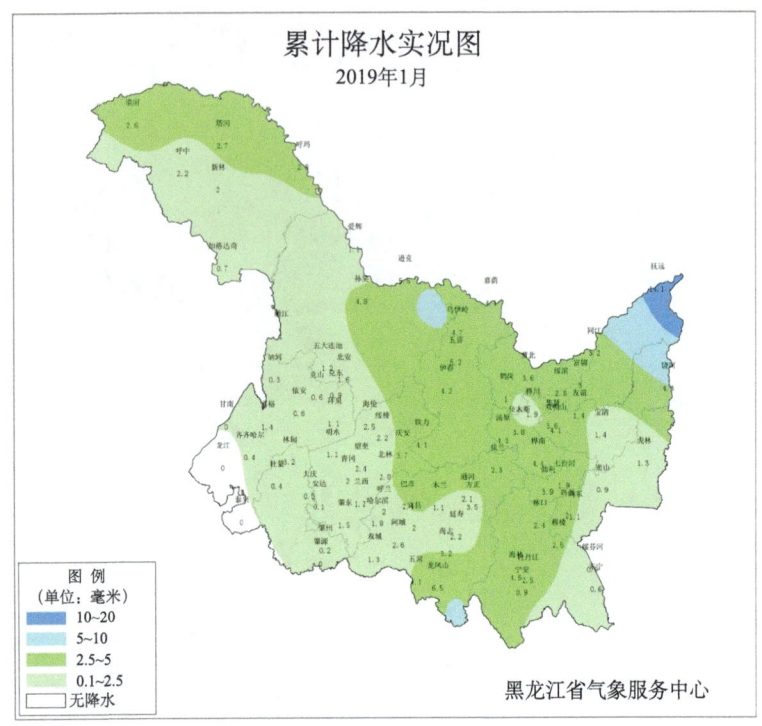

图6.6 2019年1月黑龙江省累计降水实况分布示意图

6.1.1.7 降水日数统计

在一段时间内统计降水的日数即可看出当地的降水频率,如果某一年份的雨水异常偏多,那么通过这类数据也能反映出连阴雨的状态。

图6.7中显示,绥化中部的天蓝色区域表示2018年6月之中的降水日数竟多达20～24天,算起来只有一周左右的时间

是不下雨的。而 2018 年的 6 月里其他地区的雨也不少,中西部地区的降水日数普遍为 16～20 天,为图上的绿色区域。

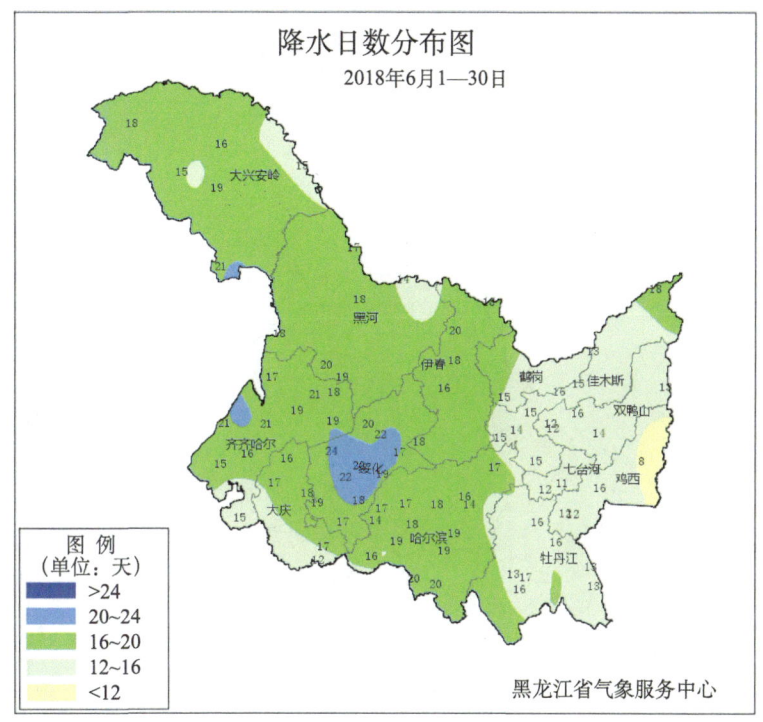

图 6.7　2018 年 6 月黑龙江省降水日数分布示意图

6.1.1.8　无降水日数统计

如果某一时段内发生干旱,那么无降水日数就是最好的数据支撑。7 月、8 月本应是全年中雨量最大、降雨日数最多的时候,但在图 6.8 中,2018 年 7 月黑龙江省深黄色区域无降水日数大多在 15～20 天,而恰恰是与图 6.7 中 2018 年 6 月降水频繁的情况相反,也就是说,本应是 7 月份下的雨已经在前一个月就下完了,呈现出夏季里"前期降雨多,后期降雨少"的特点。

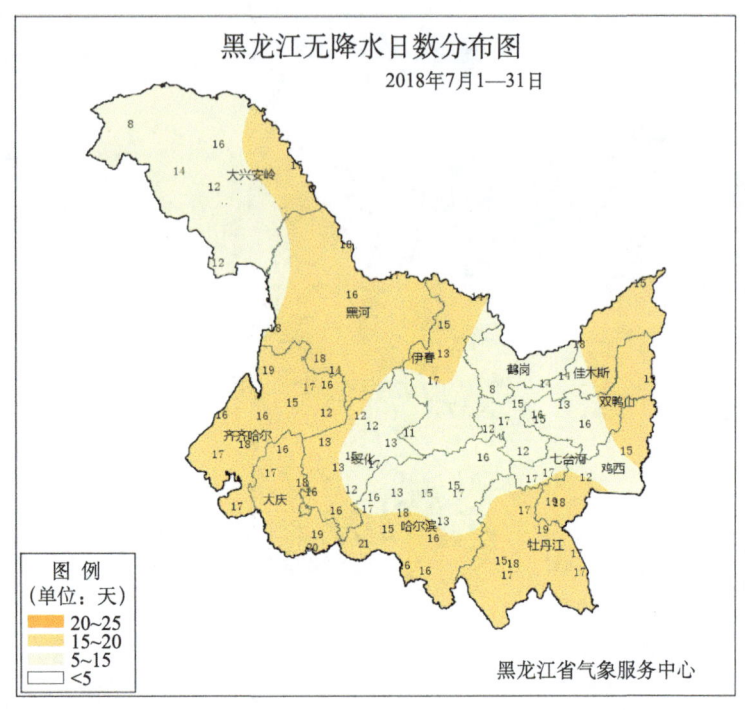

图6.8 2018年7月黑龙江省无降雨日数分布示意图

6.1.1.9 分时段降水量统计

我国一年有24节气,每个节气15天,一个节气又分为"三候","一候"代表5天,分时段降水统计也可以"候"为单位,每5天统计一次降水量,图6.9中选取哈尔滨2018年6月6候的数据,能够看出降水的量级变化,具体表现为"减小—增多—再减小—再增多",呈波浪式发展趋势,到了6月最后一候降水量突增至最大。

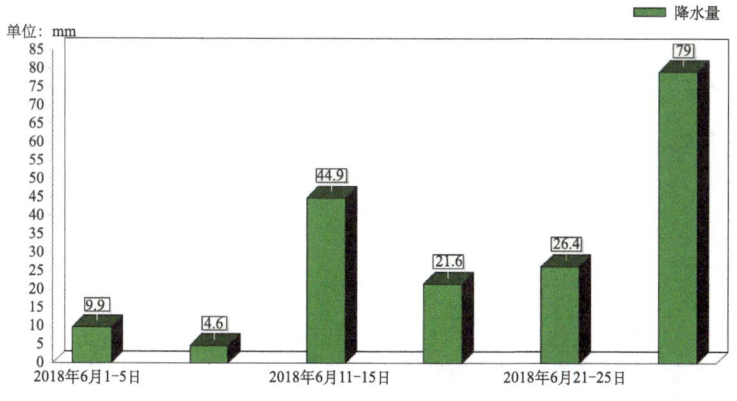

图 6.9 2018 年 6 月哈尔滨各候降水量对比示意图

6.1.1.10 单日最大降水量

如果想了解某一站点在一段时间内哪天降水量最大，可以用到这类图。如图 6.10 中，2019 年 1 月 1 日—2 月 20 日共 51 天时间里，黑龙江省最大降水量呈现出自西向东递增趋势，中西部降水量仅为浅绿色的小雪，而我省东北部为天蓝色的大雪量级。

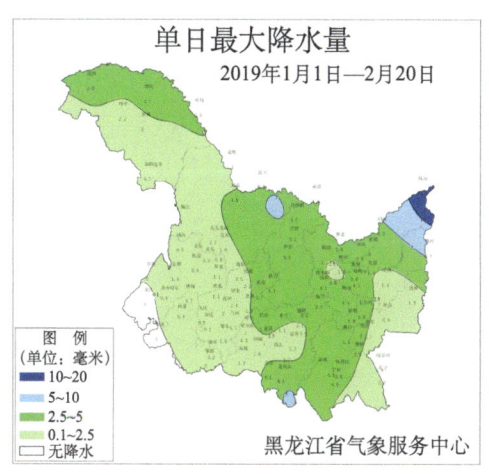

图 6.10 2019 年 1 月 1 日至 2 月 20 日黑龙江省单日最大降水量示意图

6.1.1.11 积雪深度

积雪深度分布图是冬季使用频率非常高的一类图形,能够清晰地反映出省内积雪最深的地方。通常来说,12月至次年3月积雪深度大,其中3月最大,4月积雪深度下降到只有3月的一半。从图6.11中可以看出,2018年2月1日黑龙江省积雪深度呈现自南向北递增、自西向东递增规律。西南地区的大庆市积雪深度不足5厘米,而佳木斯东部在图6.11中已经呈现出颜色最深的蓝色,积雪深度超过30厘米。

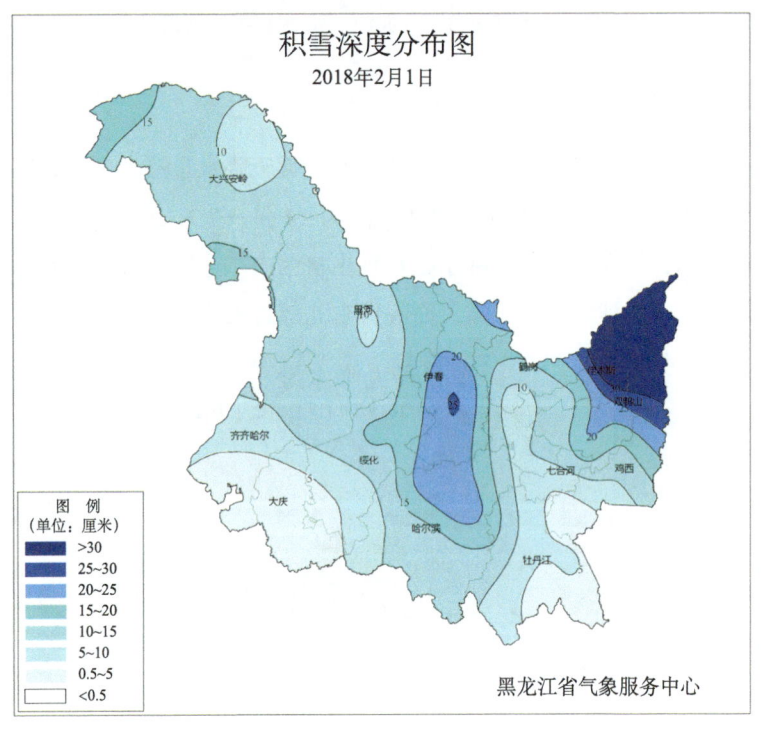

图6.11　2018年2月1日黑龙江省积雪深度分布示意图

6.1.1.12 风速

平均风速分布图有助于受众对大风天气的实况有一个全面的了解，包括风最大的地方出现在哪里，达到风力的哪个级别，预计产生怎样的影响。如图 6.12 所见，2019 年 3 月 11 日，齐齐哈尔西南部呈现的青绿色区域风速已达 5～6 米 / 秒，是黑龙江省当日风力最大的地方，从全省范围分析可知风力自西向东呈递减趋势。

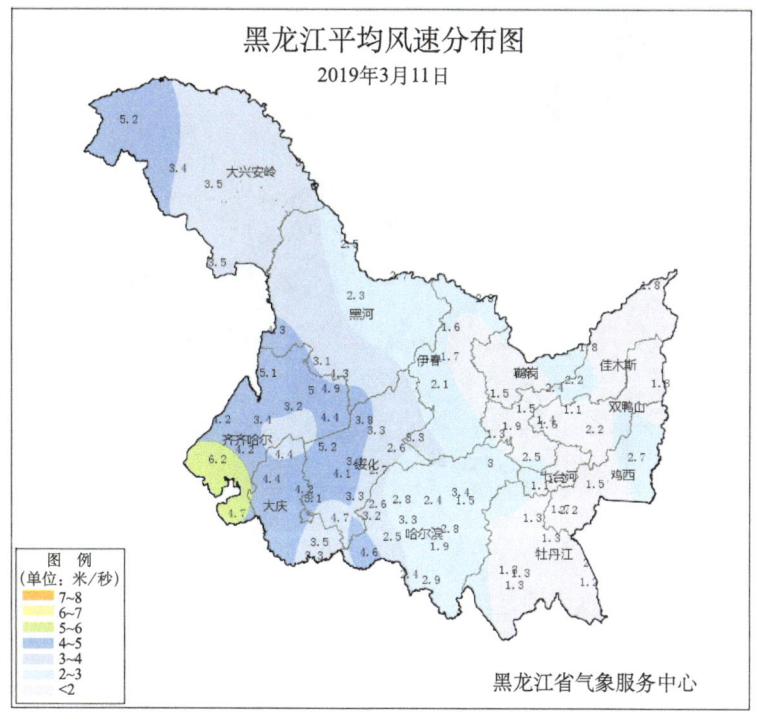

图 6.12　2019 年 3 月 11 日黑龙江省平均风速分布示意图

6.1.1.13 大风日数

每年春季都是黑龙江省风最大的时候,3月开始增多,4月和5月风最大,6月减少;从地域分布上来说,有的地方经常出现大风,有的地方几乎没什么风。从图6.13中可以看出大兴安岭东部大风日数较多,西部较少,东西差异显著。

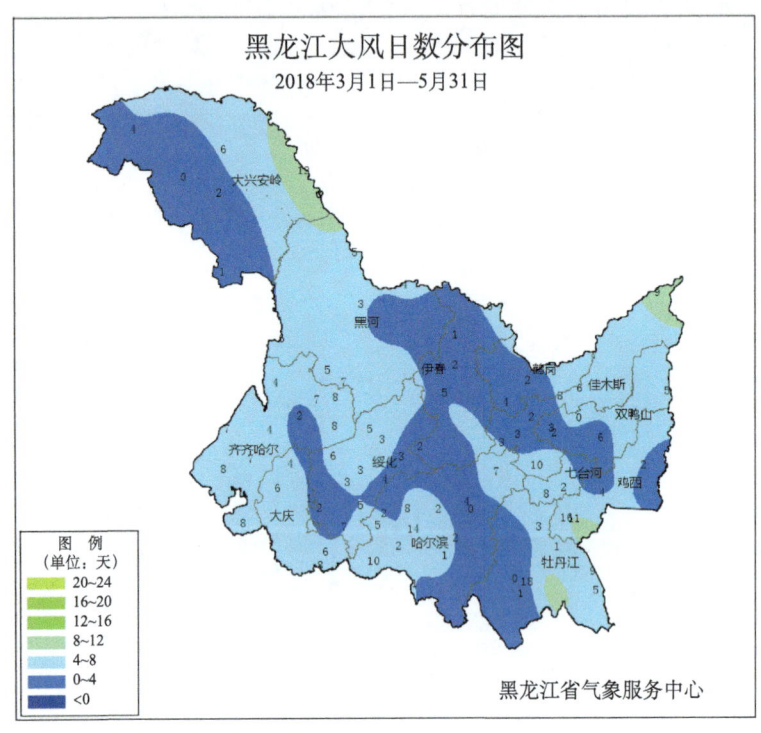

图6.13　2018年3—5月黑龙江省大风日数分布示意图

6.1.1.14 雾与霾日数

每年10月,黑龙江省自北向南陆续进入供暖季,如果遇上静稳的天气条件,没有明显的气温波动且风力小、大气扩散条件差,不利于污染物扩散,雾与霾发生的几率将大大增加。图 6.14 可以看出 2018 年 10 月黑龙江省中南部为雾与霾的高发地区。

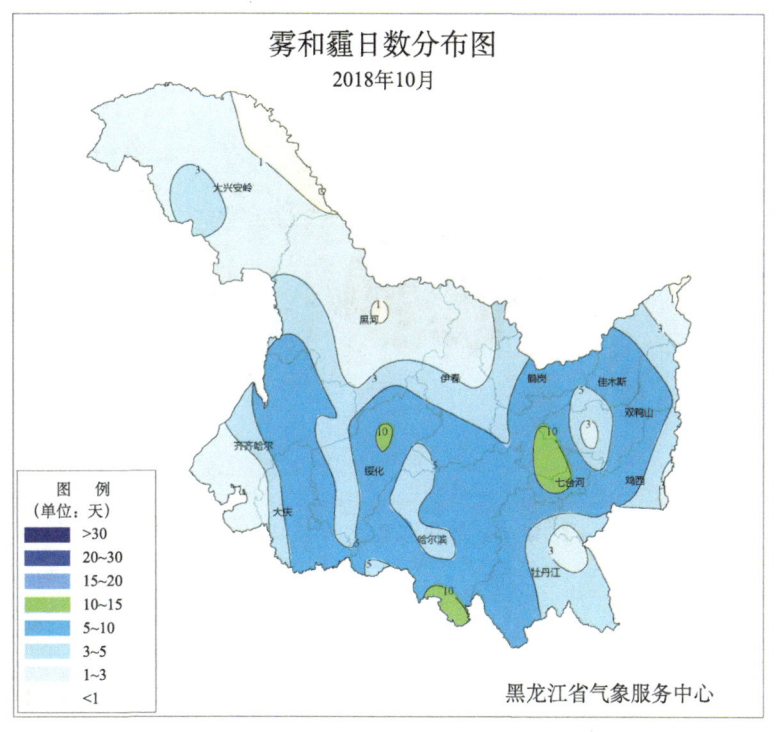

图 6.14　2018 年 10 月黑龙江省雾与霾日数分布示意图

6.1.1.15　沙尘日数

图 6.15 中可以看出,3 月后期黑龙江省沙尘日数开始增多,4 月最多,5 月减少;地域上看,黑龙江省西南部出现沙尘频率最高,其中泰来和杜蒙两个站点沙尘日数最多。

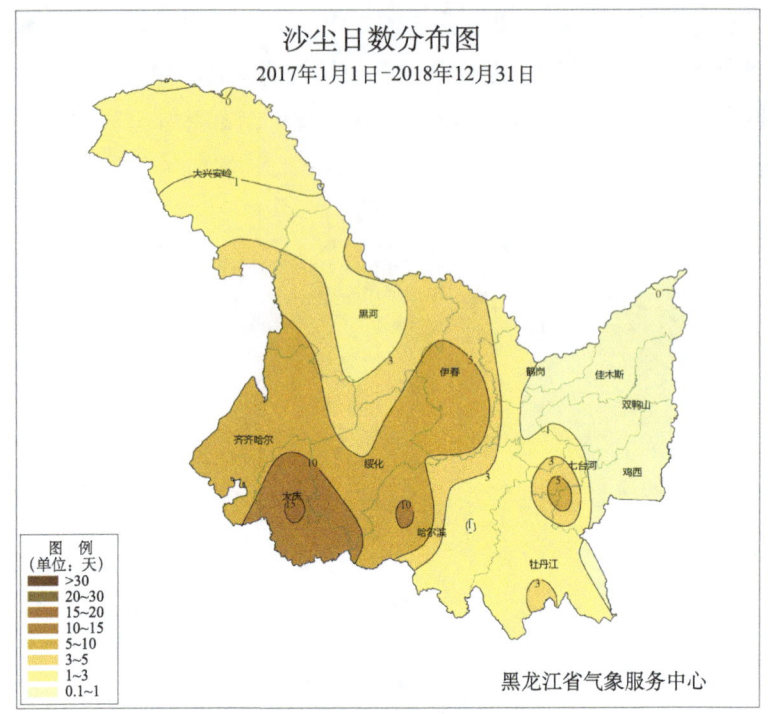

图 6.15　2017 年至 2018 年黑龙江省沙尘日数分布示意图

6.1.1.16　雷达

雷达图是黑龙江省进入春季之后经常用到的一类图形,出现降水的时候,能够判断出降水系统的移动路径、移动速度以及降水强度;冬季有较强降水时,也能通过雷达判断天气形势(图 6.16)。

图 6.16 黑龙江省雷达图

6.1.1.17 相对湿度

在黑龙江省，7月上旬和中旬，高温天气其实并不多见，但如果空气湿度大，即使最高气温在 30℃ 左右，体感温度也远高于实际环境温度，有持续闷热感。了解空气湿度的实况对于解读"高温高湿"有着十分重要的作用。

从图 6.17 可见，2018 年 5 月 3 日黑龙江省呈现空气相对湿度西部小、东部大的分布，如果东部地区气温高、湿度大，闷热感会更加强烈。

6.1.1.18 云图

图 6.18 和图 6.19 都是黑龙江省气象服务中心编导团队经常采用的云图实况，此外还有可见光云图、水汽云图、红外云图等，通过连续多张云图组成的动态效果可以判断出天气系统的移动方向及影响范围。

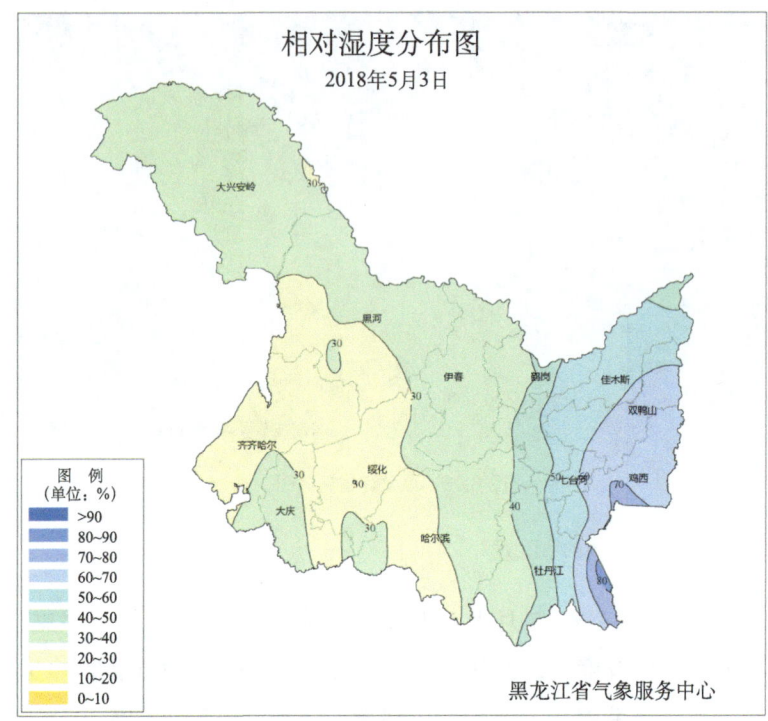

图 6.17　2018 年 5 月 3 日黑龙江省平均相对湿度分布示意图

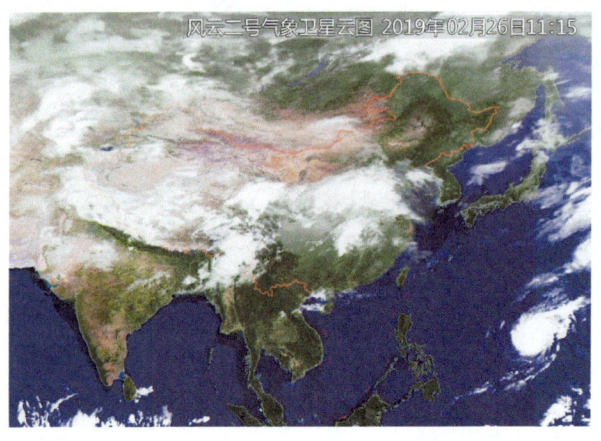

图 6.18　风云二号气象卫星彩色云图

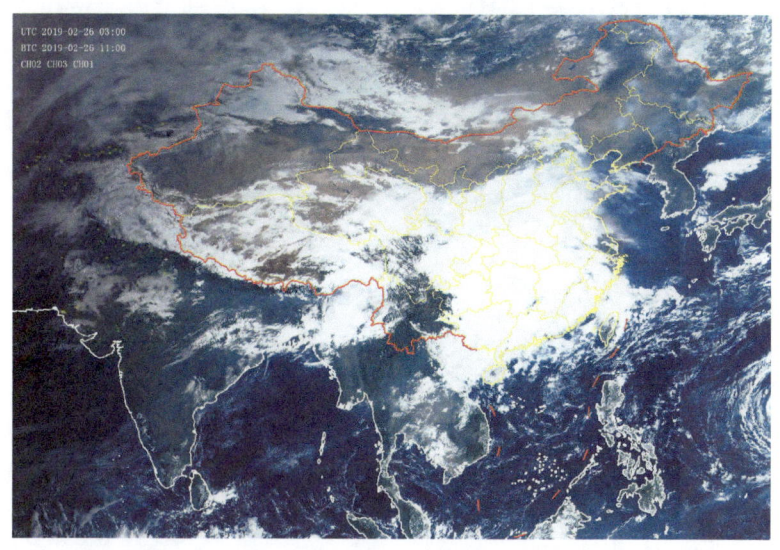

图 6.19 风云四号 A 星真彩云图

6.1.1.19 能见度

雾与霾通常在清晨出现，黑龙江省中南部地区为雾与霾的高发地区。能见度为雾与霾的等级提供判定依据，气象台据此及时发布预警信号。

如图 6.20 可见，黑龙江省中南部地区呈现出淡绿或淡蓝色，能见度低于北部的天蓝色区域，能见度低的原因就是当地出现了不同程度的雾或霾。编导可以根据此类实况图分析雾或霾的严重程度，提示公众注意出行安全。

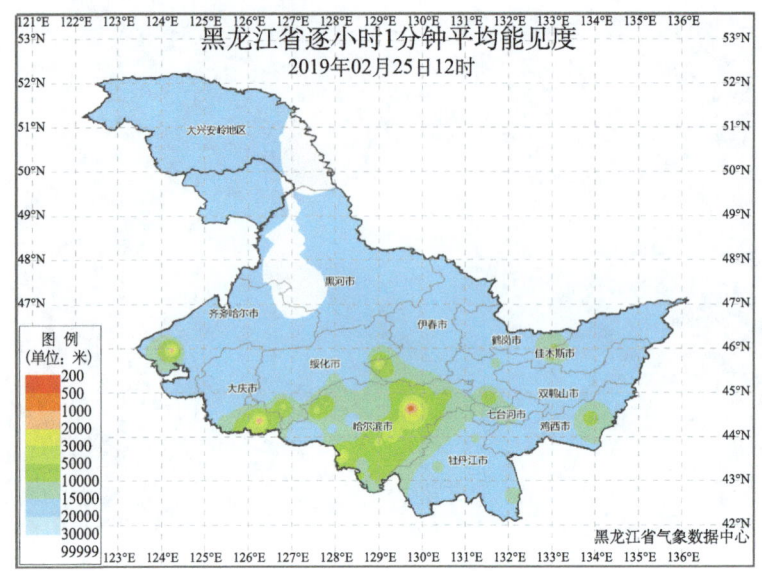

图 6.20 2019 年 2 月 25 日 12 时黑龙江省逐小时 1 分钟平均能见度实况服务示意图

6.1.1.20　各月平均气温

柱形图能够清晰看出黑龙江省 12 个月份的气温变化，最冷和最热的两个月份也一目了然。如图 6.21 所示，黑龙江省 1 月最冷，月平均气温为 −19.4℃；7 月最热，月平均气温为 21.8℃，全年平均气温最大温差可达 41.2℃。

6.1.1.21　各月平均降水量

柱形图能够清晰看出黑龙江省 12 个月份的降水量变化，最多和最少的两个月份也一目了然，冬季与夏季相比差异显著。如图 6.22 所示，黑龙江省 2 月降水量最小，平均降水量为 4.1 毫米，7 月降水量最大，平均降水量为 133.7 毫米。

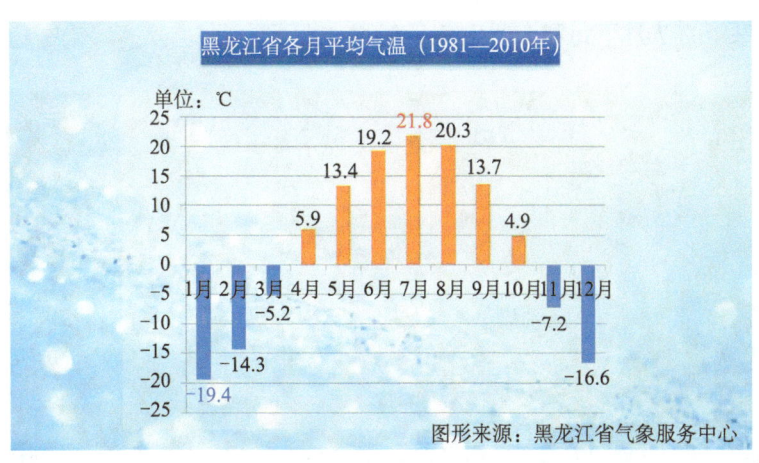

图 6.21 1981—2010 年黑龙江省各月平均气温服务示意图

图 6.22 1981—2010 年黑龙江省各月平均降水量服务示意图

6.1.1.22 各旬平均降水量

如图 6.23，从逐月降水量看，黑龙江省 7 月降水量最大，其中 7 月下旬最多，平均降水量是 53.2 毫米，且暴雨多发生在每年的 7 月下旬和 8 月上旬,俗称"七下八上"。

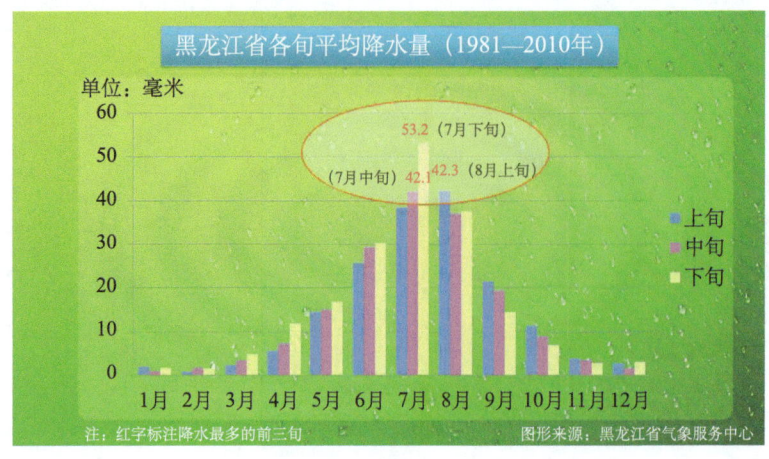

图 6.23　1981—2010 年黑龙江省各旬平均降水量服务示意图

6.1.1.23　逐月平均气温

黑龙江省逐月平均气温,调取全省 85 个站点 1981—2010 年 30 年数据进行统计,每月 1 张,共有 12 张,此仅选取一张图作为代表。如图 6.24 所示,黑龙江省 8 月气温呈现出北部黄色、南部橙色,也就是南部气温高于北部地区,这个由南向北气温依次递增的规律也同样适用于其他月份。

6.1.1.24　逐月平均降水量

黑龙江省逐月平均降水量,调取全省 85 个站点 1981—2010 年 30 年数据进行统计,每月 1 张,共有 12 张。图 6.25 为 4 月平均降水量分布图,能明显看出东部雨量大于西部地区,从而对全省降水量分布规律有一个总体的把握。

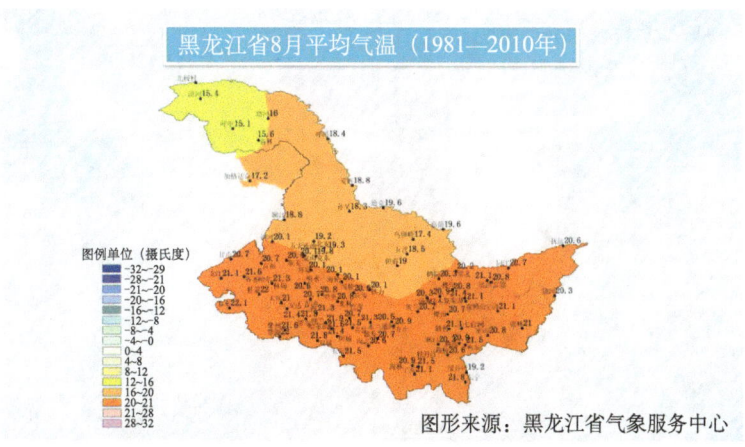

图 6.24 1981—2010 年黑龙江省 8 月平均气温分布示意图

图 6.25 1981—2010 年黑龙江省 4 月平均降水量分布示意图

6.1.1.25 1961 年以来最高气温极值

从图 6.26 可以看出,最高气温极值出现在齐齐哈尔,实际上这里也是每年夏天黑龙江省最热的地方,最高气温数值最高,高温频率也最大。如果编导想知道当天最高气温是否突破1961年极值，参考这张图形产品即可。

图6.26　1961—2018年黑龙江省最高气温极值服务示意图

6.1.1.26　1961年以来最低气温极值

从图6.27可以看出，冬季黑龙江省最冷的地方出现在纬度最高的大兴安岭，而最南端的牡丹江纬度最低，理论上讲气温应该最高，但实际气温却比鸡西、七台河这些偏北的地方还要低，这和它的地理位置、海拔高度以及当地小气候都有着密切联系。

6.1.1.27　1961年以来单日最大雨量

图6.28为黑龙江省13个地市1961年以来单日最大雨量极值，它的作用在于，当编导感觉某一个地方的雨量很大，但又不知道是否突破当地雨量记录时，这张数据库一样的图形产品就发挥了作用。另外，从这张图上可以看出哪些地方雨量大，哪些地方雨量明显偏小。

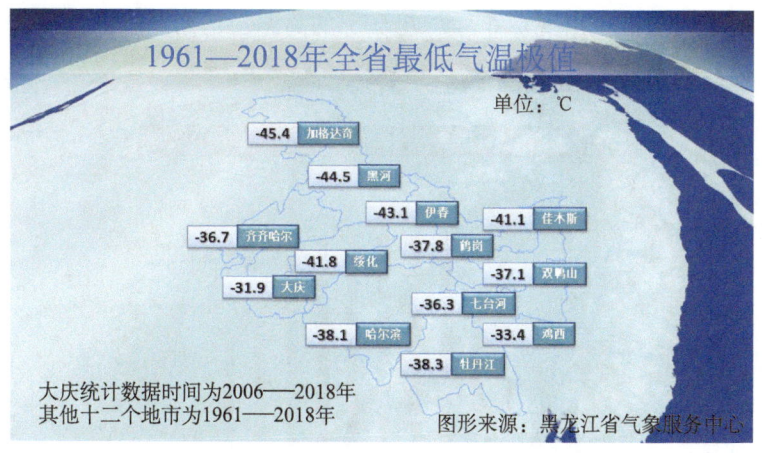

图 6.27　1961—2018 年黑龙江省最低气温极值服务示意图

图 6.28　1961—2018 年黑龙江省单日最大雨量服务示意图

6.1.1.28　哈尔滨各月最高气温极值

从单站点数据来看，哈尔滨作为黑龙江省省会城市，受众知晓度更高、人口密集，更具代表性。从图 6.29 可知，哈尔滨最高气温极值出现在 6 月，近 40℃的高温已达到高温橙色预警信号级别。

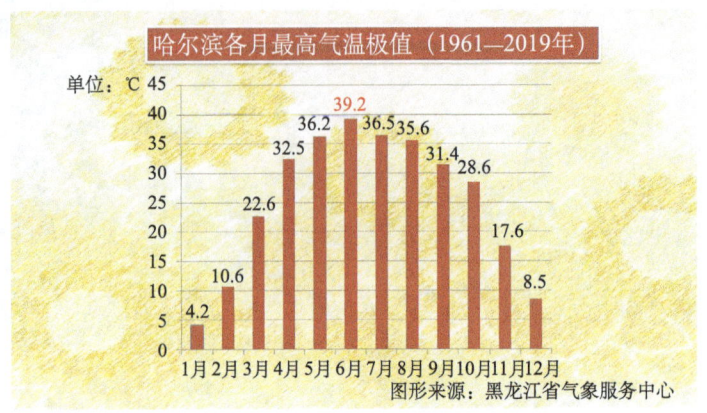

图 6.29　1961—2019 年哈尔滨各月最高气温极值服务示意图

6.1.1.29　哈尔滨各月最低气温极值

如图 6.30 所示，从哈尔滨逐月数据来看，最低气温极值出现在 1 月份，这在一定程度上也能反映出 1 月份的寒冷程度。哈尔滨 1 月份最冷的时候曾经达到过 −38.1℃，逼近 −40℃大关，12 月、1 月和 2 月为全年最冷的 3 个月份；而在夏季，7 月份最低气温曾经低至 9.5℃。

6.1.1.30　哈尔滨各月平均最高气温

历史数据统计被作为课题研究时，往往习惯采用平均气温，但在做公众气象服务时，大家对平均气温并不是很熟悉，最高气温或最低气温更容易被大家理解和接受，所以，黑龙江省气象服务中心编导团队又特意统计了哈尔滨各月的平均最高气温，这样受众从图 6.31 就能对逐月的数据有更加清晰的感受和体会。

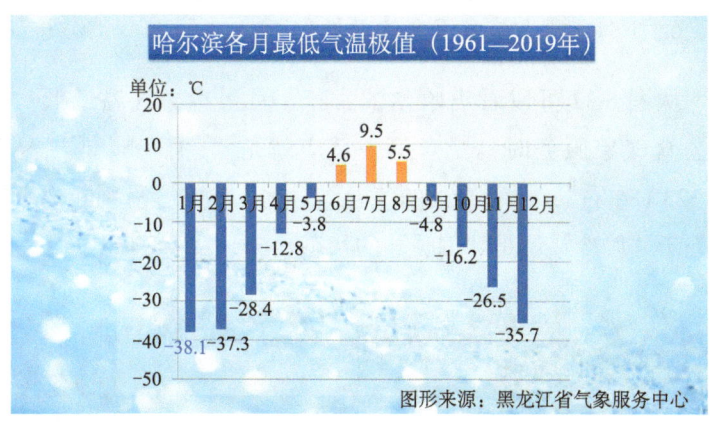

图 6.30 1961—2019 年哈尔滨各月最低气温极值服务示意图

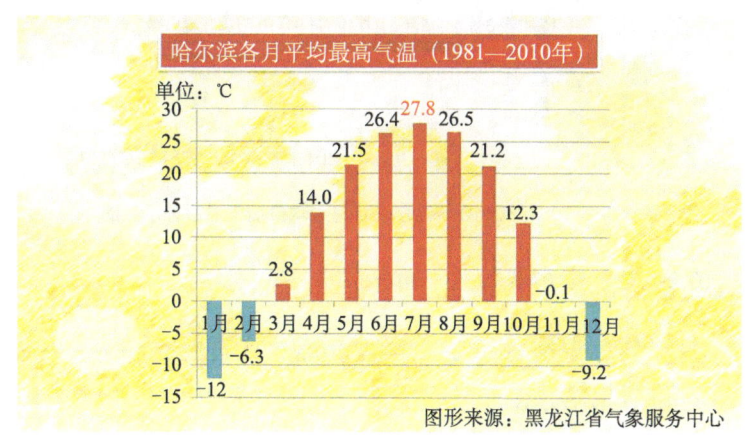

图 6.31 1981—2010 年哈尔滨各月平均最高气温服务示意图

如图 6.31 所示，哈尔滨 7 月份最热，白天的最高气温一般在 27.8℃上下浮动，而在冬季，尤其是 1 月份，白天最暖和的时候基本也只有 -12℃。

6.1.1.31 哈尔滨各月平均最低气温

从图 6.32 可以看出哈尔滨常年 1 月最冷，气温最低。在做公众气象服务时，受众第一反应就是"1 月份最低气温都在 -23℃左右"，再和当天的气温作对比，非常容易判断出目前是处于"偏冷"还是"偏暖"的状态。

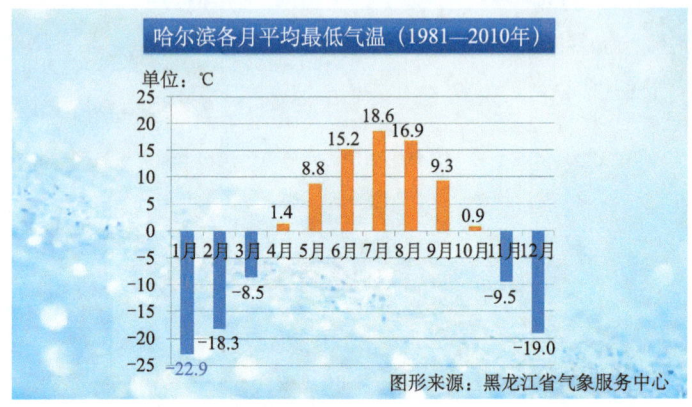

图 6.32　1981—2010 年哈尔滨各月平均最低气温服务示意图

6.1.1.32 哈尔滨各月平均气温

月平均气温能够反映出逐月气温的冷暖变化趋势，从图 6.33 可以看出哈尔滨最冷的月份是 1 月，最热的月份为 7 月，其中，入冬后 11—12 月降温幅度大，转年 3—4 月升温幅度大。

6.1.1.33 哈尔滨各月最大连续降水日数

从降水日数的统计数据来看，哈尔滨夏季连续降水最长能持续 16 天，遇到多雨的年份形成连阴雨天气，空气中都是潮湿的。公众气象服务中，一般连续降水 4—5 天，公众就开始关注雨何时停。持续的降水会对日照、气温、能见度等气象要素产生很大影响，另外还会产生土壤偏涝、城区积水、交通出行等诸多影响，所以图 6.34 的连续降水日数极值图形产品能够为公众提供数据对比依据。

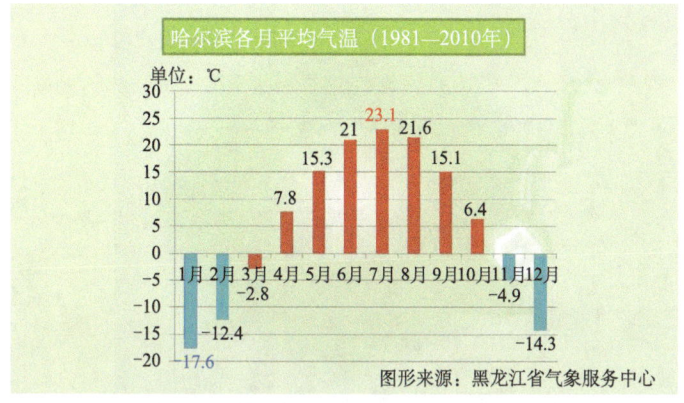

图 6.33　1981—2010 年哈尔滨各月平均气温服务示意图

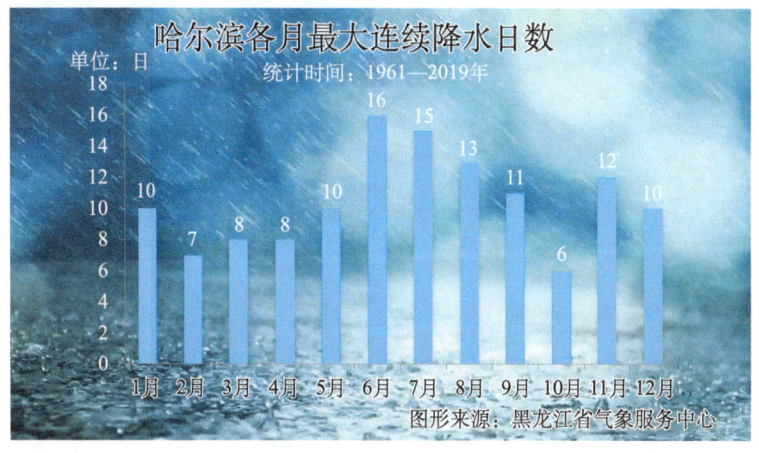

图 6.34　1961—2019 年哈尔滨各月最大连续降水日数（20 时—20 时）服务示意图

6.1.1.34 哈尔滨各月平均降水量

从图 6.35 可以看出，哈尔滨 7 月降水最多，月平均降水量能够达到近 150 毫米，冬季 1 月、2 月降水量最少，冬、夏降水量差异十分明显。

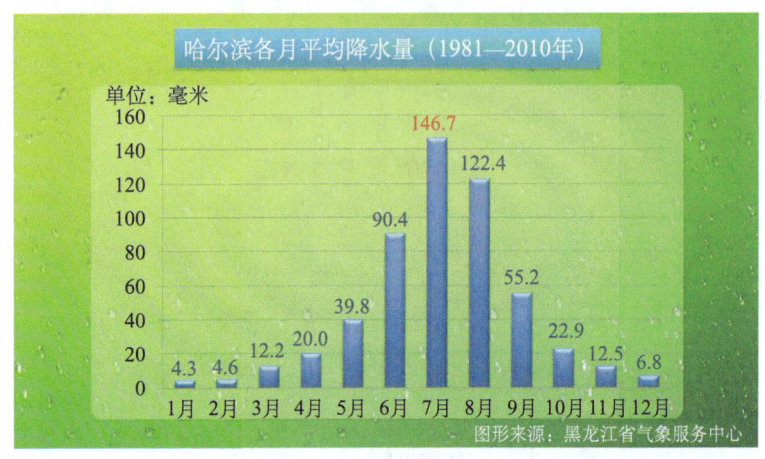

图 6.35　1981—2010 年哈尔滨各月平均降水量服务示意图

6.1.2　预报

6.1.2.1　未来 24 小时预报

蓝派系统是黑龙江省气象服务中心引进的一套图形制作软件，编导团队通过改进部分编程方案、本地化调试，在预报出图方面取得重大突破——可成功利用全省精细化报文自动生成预报类图形，如图 6.36 所示。而此前所有的软件只能制作实况类图形。

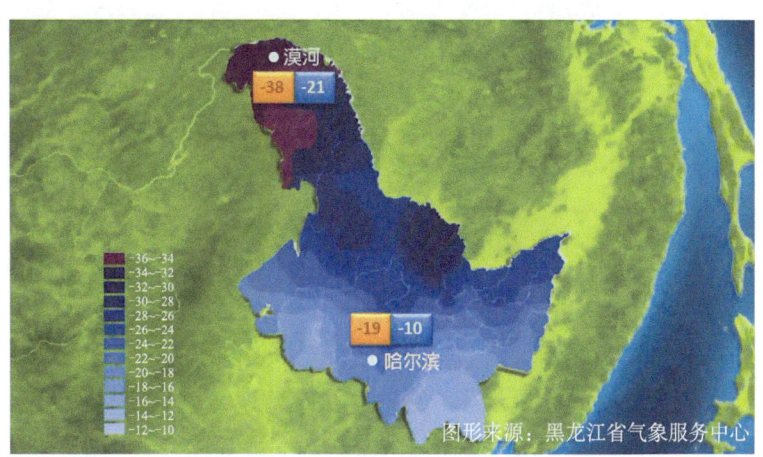

图 6.36 黑龙江省未来 24 小时预报服务示意图

6.1.2.2 五日预报模板

未来五日天气预报引进多气象要素预报模型，包含时间、天气现象、最低气温、最高气温、地图等，表现形式可以是柱形图、曲线图、折线图，或者是以上的"混搭版"，整体画面风格色彩明丽、简单明了（图6.37）。17时发布的预报采用"今夜到明白"，即"今夜最低气温—明白最高气温—明夜最低气温—后白最高气温"的顺序依次进行气温预报；08时发布的预报采用"今白到今夜"，即"今白最高气温—今夜最低气温—明白最高气温—明夜最低气温"的顺序依次进行气温预报。

图 6.37　哈尔滨今后五日气温预报服务示意图（2017 年 6 月 21–25 日）

6.1.2.3　交通天气预报

把气象数据和交通数据引入预报模型是图形制作的创新点之一，以地图为基础叠加高速公路的降水、气温预报。无论是从时间上还是空间上都能让受众轻松了解某时段及某路段的天气状况，一目了然，极大地方便了公众出行。如图 6.38 所示，黑龙江省每日发布省内 5 条主要高速公路天气预报，包含降水、最低气温与最高气温预报要素。

图 6.38　黑龙江省交通天气预报服务示意图

6.1.2.4 霜冻预报

霜冻预报属于特殊气象要素预报,此类图形产品随机性强,通常是遇上某种特殊天气时需制作相应的预报要素图(图6.39)。每年9月、10月,黑龙江省气温下降明显,自北向南陆续出现霜或霜冻。

图 6.39　黑龙江省霜冻预报服务示意图

6.1.2.5　30℃以上气温预报

这类图是最高气温预报产品中的一类特殊产品,从实况来看,每年夏季大范围超过30℃的区域在黑龙江省并不是特别常见,35℃以上的区域,甚至是37℃以上区域就更少见。当高温天气大范围出现时,这类30℃以上区域预报图就具有很强的实用性,受众能够轻松看到高温在哪里出现。

如图6.40所示,2018年6月1日,黑龙江省西南部呈现高于37℃的红色区域,外围呈现出深棕色的35~37℃区域,中东部地区则呈现出浅棕色的 30～35℃区域，全省绝大多数地方的最高气温预计都将达到30℃以上。

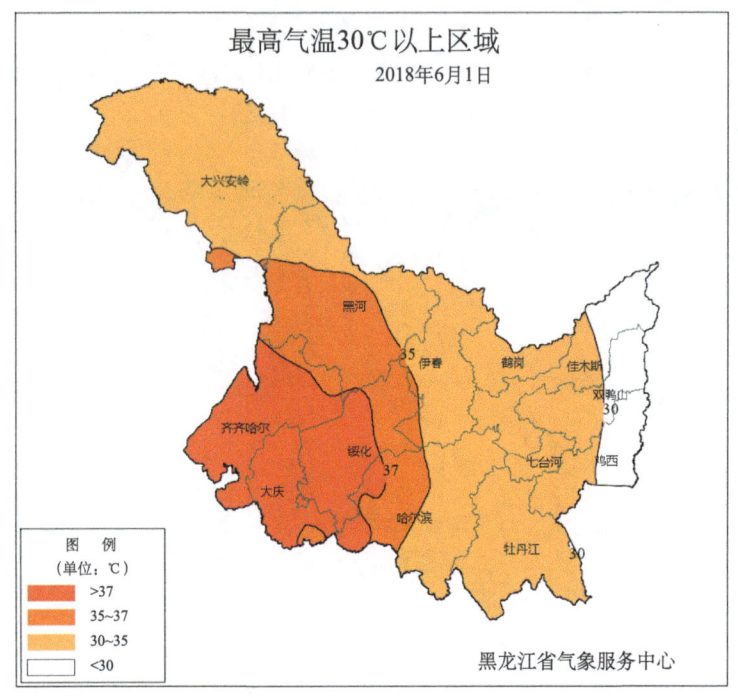

图 6.40　2018 年 6 月 1 日黑龙江省 30℃以上区域预报服务示意图

6.1.3　实况与预报结合

在现实生活中，气温本就是上下波动的，小幅波动一般不会影响到大家的生活，但当强冷空气或强暖空气进入时，气温就会出现 10℃，甚至是 20℃以上的波动幅度。图 6.41 就是一个典型案例，20 多天的时间里，先是来了一次强冷空气，最低气温低至 –31.1℃，冷空气过后，气温逐渐回升，最后一周的时间里由于没有冷（暖）气团到来，天气系统平稳，所以气温也稳定在 2～3℃的变温幅度内。本图从变化趋势的曲线就可以看出 2 月份的气温始终波动，但波动的幅度逐渐减小，并且是一个持续向暖的过程。

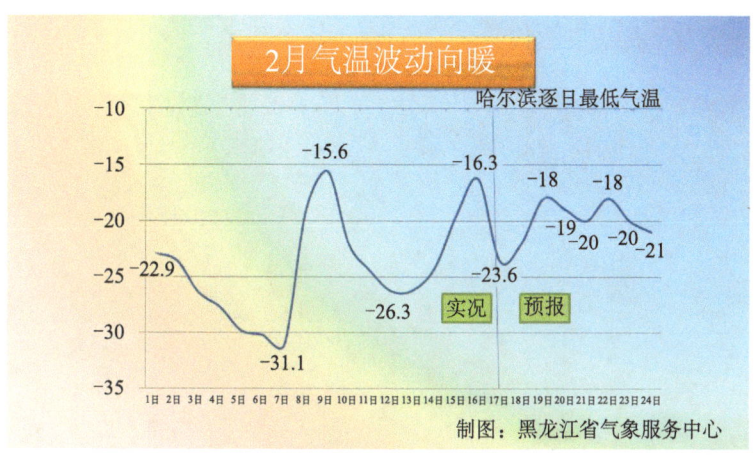

图 6.41　哈尔滨 2 月气温走势服务示意图

这类图左侧为实况数据，右侧为预报数据，两项结合就能得出气温变化规律。在进行公众气象服务的时候，是一种不错的选择。

6.2　气象数据可视化形式

可视化图形产品均具备可更新、易操作、美观简洁的特点，无论预报还是实况，无论以何种表达方式呈现，都能以气象数据为切入点，自然巧妙地解读社会热点新闻。

6.2.1 柱状图

从图 6.42 中可以看出,黑龙江省 5 月受沙尘影响最多,整体呈现出春季沙尘多,冬季沙尘少的特点。春季沙尘多的时候,同时也是大风天气的高发期,只有风大,沙尘才能被裹挟得更远,移动的速度更快。

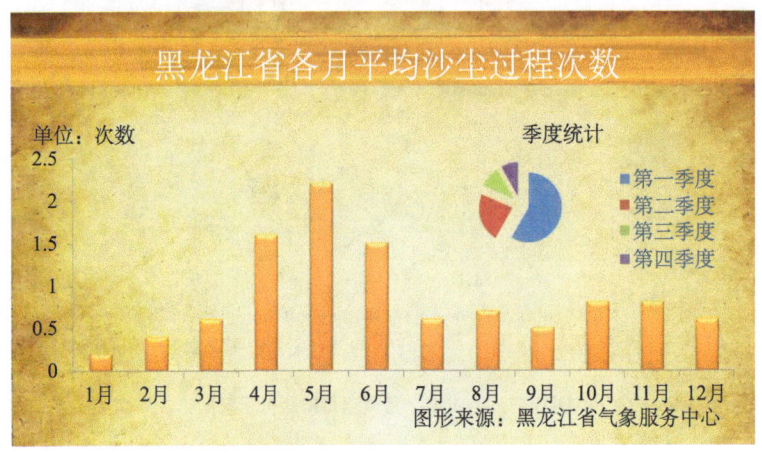

图 6.42　1981—2010 年黑龙江省各月平均沙尘过程次数服务示意图

6.2.2　表格与预报分布图结合

图 6.43 是 2017 年 5 月 8 日早上制作的,因为黑龙江省气象服务中心编导预测到当天白天全省大部最高气温都在 30 ℃ 以上,对于 5 月初来说,已经是很热了,这就是公众气象服务的新闻点,新闻是早上发出去的,对于短时临近预报来说具有很强的实用性。图形是把气温分布图与带有具体数值的气温排名表结合起来,这样既能看出高温出现的区域,同时还能在表格中找到具体的数值。

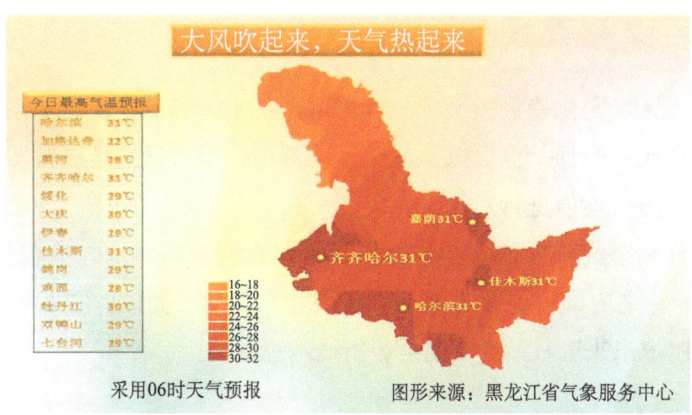

图 6.43　2017 年 5 月 8 日白天黑龙江省最高气温预报服务示意图

6.2.3　地图与柱形图结合

未来五日预报大多采用五日预报模板、柱形图或曲线图，以单个站点为单位，像图 6.44 将柱形图叠加在省图上的比较少见，但实用性很强。这样既能呈现出某一个站点的气温走势，又能同时呈现 2 或 3 个站点的气温。

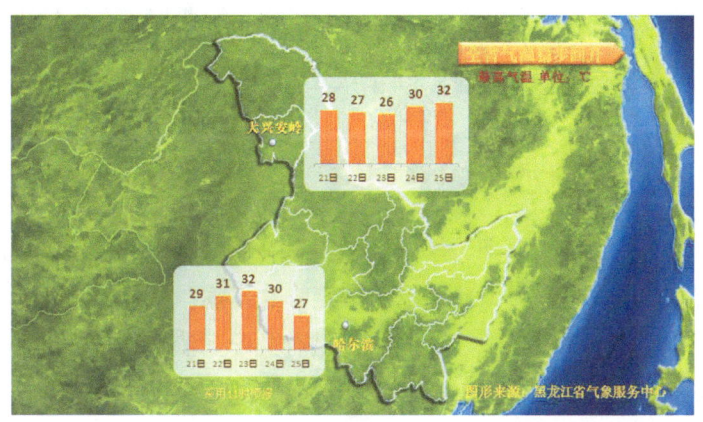

图 6.44　未来五日最高气温走势服务示意图

6.2.4 气温曲线预报

天气变化趋势图形产品既可以是降水、最低气温、最高气温多元素叠加，也可以是单独呈现其中一类天气要素，甚至可以和历史均值进行对比。每类图形按季节、有无雨雪、冷暖色调分别搭配不同的背景，编导日常工作时只需调取相应模板，1分钟之内即可更改数据，生成图片，简单、高效。图6.45为哈尔滨未来五日最高气温走势折线示意图。

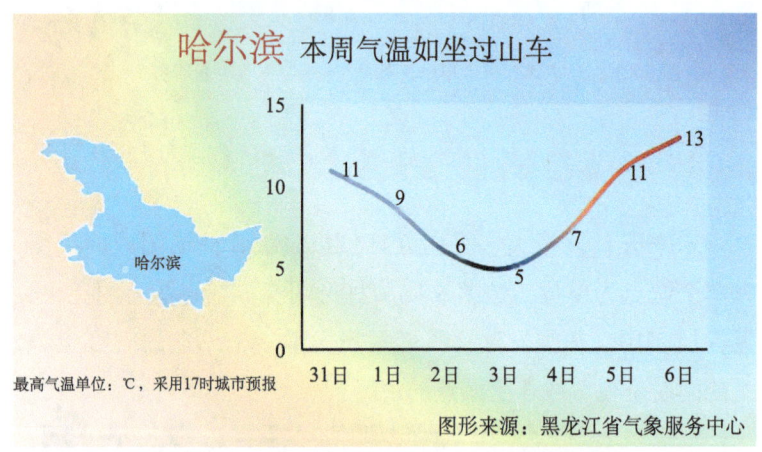

图6.45 哈尔滨未来五日最高气温走势服务示意图

6.2.5 柱形图与折线图结合的五日预报

柱形图与折线图相结合，既能看到逐日的天气现象、最高气温和最低气温，又能通过折线走势看出气温变化趋势，一举两得。图6.46为柱形图与折线图结合的哈尔滨未来五日最高气温走势图。

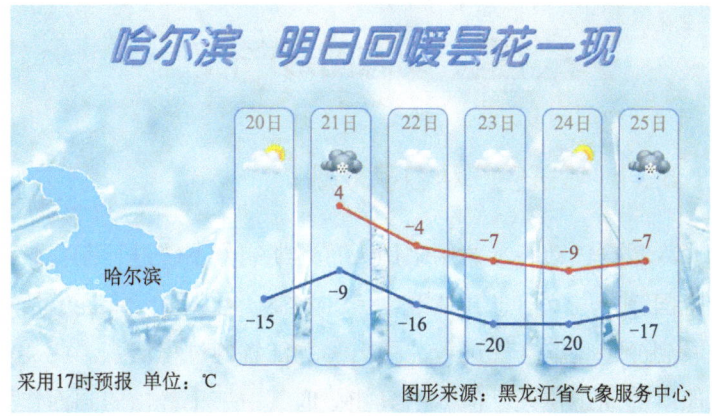

图 6.46 哈尔滨未来五日最高气温走势服务示意图

6.2.6 曲线与历史平均值对比的五日预报

气温变化曲线与历年平均值作对比，在有参照物的情况下，很容易看出当下气温是否偏低（偏高），在做公众气象服务的工作中，既要保证关键数据的完整性、准确性，也要保证画面的简洁与美观。图 6.47 为加参照线的哈尔滨未来五日最高气温走势图。

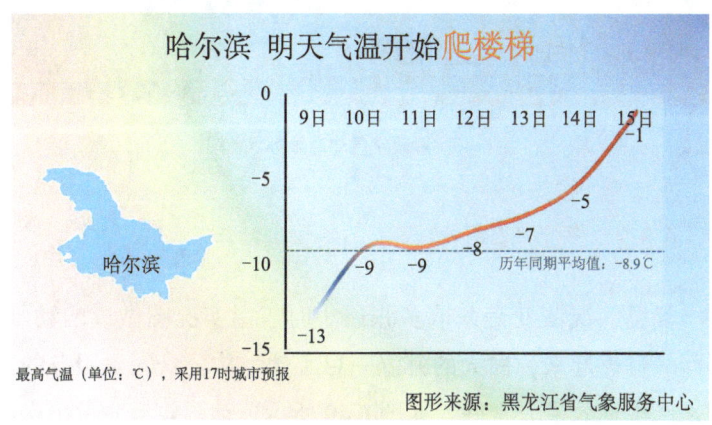

图 6.47 哈尔滨未来五日最高气温走势服务示意图

6.3 动态图形产品

6.3.1 冷暖空气动态示意图

冷暖空气动态示意图采用天幕后期制作系统进行制作,调取全国综合气象信息共享平台(SIMISS)数据,受众能够清晰地看到冷(暖)空气进入、移出黑龙江省的过程演变。此类产品原本为动态视频,但本书只能截取其中一个静帧的画面作为演示实例(图6.48)。

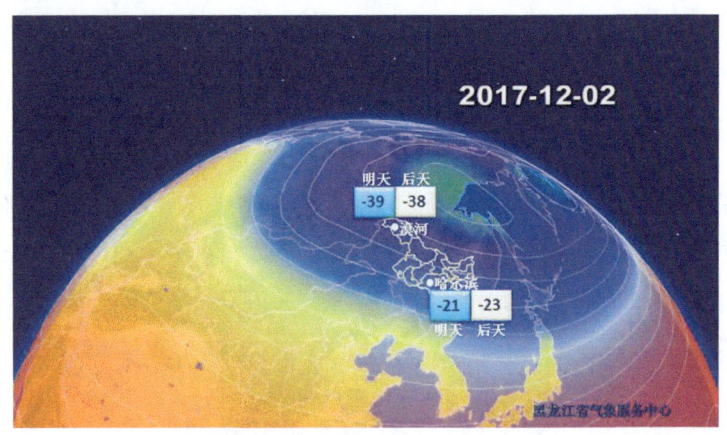

图 6.48 冷暖空气动态服务示意图

6.3.2 气温实况演变

气温实况演变是采取多张逐小时气温实况图做成的动画,画面一旦连起来,白天的升温一目了然,从公众气象服务的角度来说视觉效果非常好。如图6.49所示,动画效果显示出南部地区的暖色调在逐步加深,意味着黑龙江省当日(2017年5月

8日)气温显著上升,一派暖意融融。

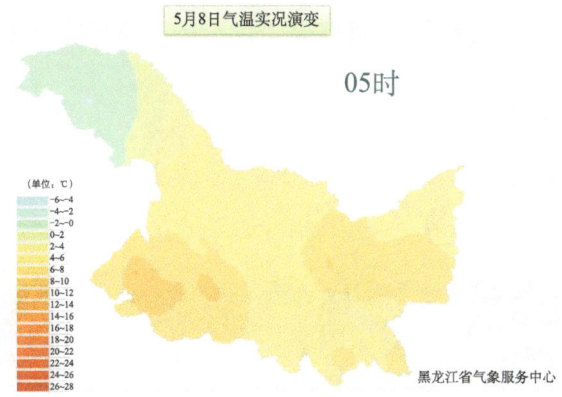

图 6.49　黑龙江省气温实况动态演变服务示意图(2017 年 5 月 8 日)

6.3.3　超过 30℃区域演变

夏季气温高的时候,对于 30℃、35℃甚至是 37℃以上区域,预报图具有很强的实用性,当未来三天 30℃以上区域不断变化时,我们能够轻松看出暖空气的移动路径(图 6.50)。

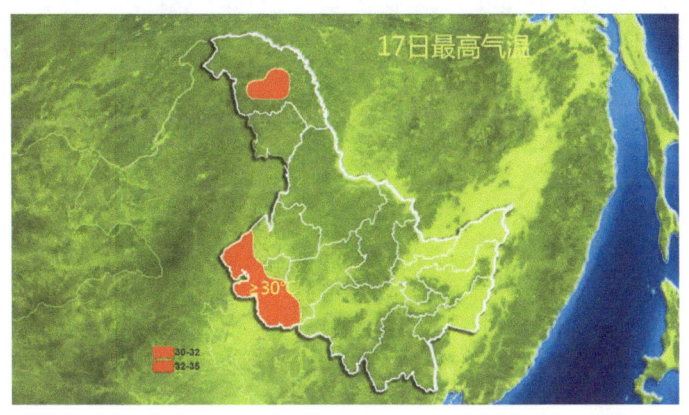

图 6.50　未来三天 ≥ 30℃区域动态服务示意图

6.3.4 卫星云图动态示意

当一次天气过程到来时,从云图上往往能非常清晰地看出大范围云系从移进到移出的过程,单张云图一般起不到作用,但把几个小时甚至是十几个小时的多张云图连起来,云系的移动路径就非常清晰地显现出来了。在为公众讲解一次天气过程时,动态云图演示是一种很好的表达方式(图6.51)。

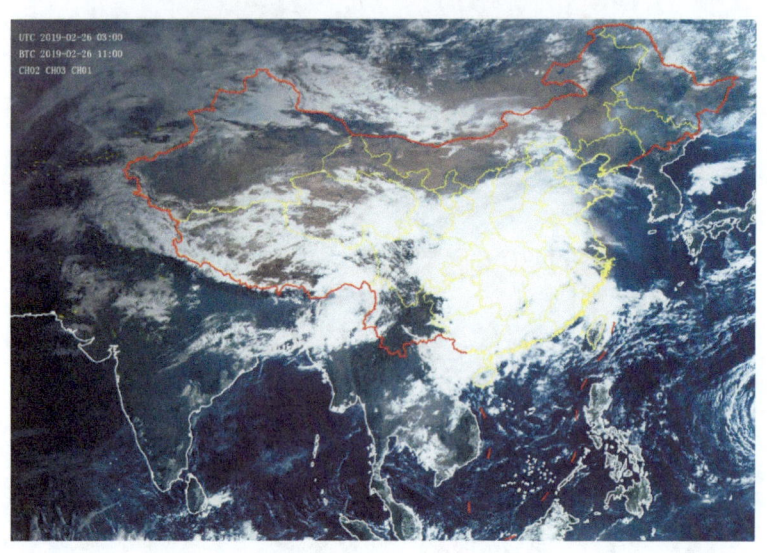

图6.51 风云四号A星真彩云图

第7章　节假日天气服务

在法定节日（如春节）或特殊纪念日（世界气象日）以及比较重要的时间节点（如春运）等，我们都会提前做出具有针对性的天气服务，指导公众提前做出相应的准备。

7.1　春运

一年一度春节到，一年一度春运时。近年来伴随着中华民族最为重大节日——春节而生，作为"人类周期性迁移"——春运，越来越成为引人关注的话题。

黑龙江省作为中国最北端的重要人口输出大省，2019年春运自1月21日开始至3月1日结束，在一年中几乎是最寒冷的40天时间里顺利完成了接近3000万人次的迁移，其中，了解天气变化趋势并提出有针对性指导，对于春运的顺利进行有着重大影响。

在常规节目中，我们在立足本地天气的同时，还关注南北气候的差异，为北上与南下的旅客提出针对性的指导。另外，我们还将春运的热门线路作为节目关注的重点，比如我们了解到北京—哈尔滨成为全国最热春运线路，于是在节目中适时增加北京与哈尔滨天气对比（图7.1），适时提醒两地间往来的旅客需要根据天气变化做好哪些准备。

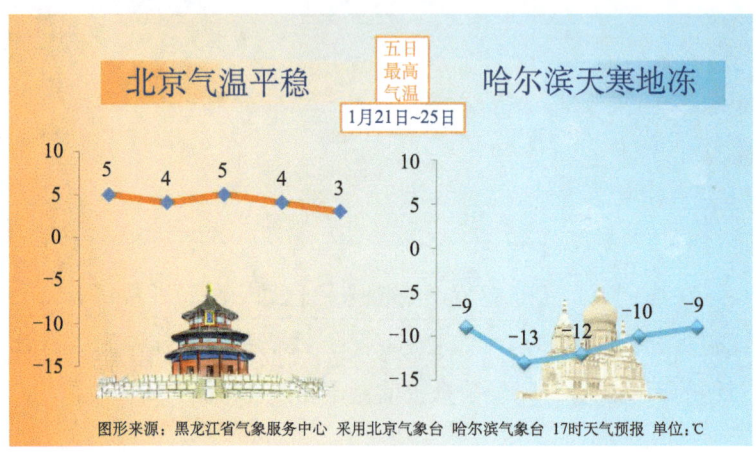

图 7.1　春运期间北京与哈尔滨气温对比服务示意图

7.2　春节

作为中华民族最为重要的传统节日，团圆是春节的重要主题，在春节期间进行走亲访友或者其他短程游的旅客较多，我们关注的重点就放在本地天气，比如降水趋势、气温变化等。另外，近年来春节期间来黑龙江体验冰雪旅游的南方游客也在逐年上涨，此时黑龙江省依旧地冻天寒，南北温差极大，所以指导南方游客做好防寒保暖等工作也是我们气象服务的重点。

 例

今天是大年初一,祝您新春快乐,幸福安康。昨天也就是大年三十,冷空气开始和我们一起辞旧迎新,今天清早大兴安岭北部气温逼近 -40℃,寒意十足!而今天这还不是这个严寒时段的全部,因为冷空气不是一次性爆发,而是还有一拨一拨的增援,所以未来 3 天全省天气以晴天为主,但气温持续偏低。以哈尔滨为例,最高气温全部低于 -10℃,最低气温也低于 -20℃,预计 8 日后气温缓慢回升,升温幅度为 2~4℃(图 7.2)。总之虽然立春了,但这几天强冷空气会伴随我们一起大拜年,拜年的路上可能会寒风刺骨,所以大家要特别注意保暖,身上暖和了,心里暖和了,这个年也就有了春天的暖意融融了。(2019 年 2 月 5 日)

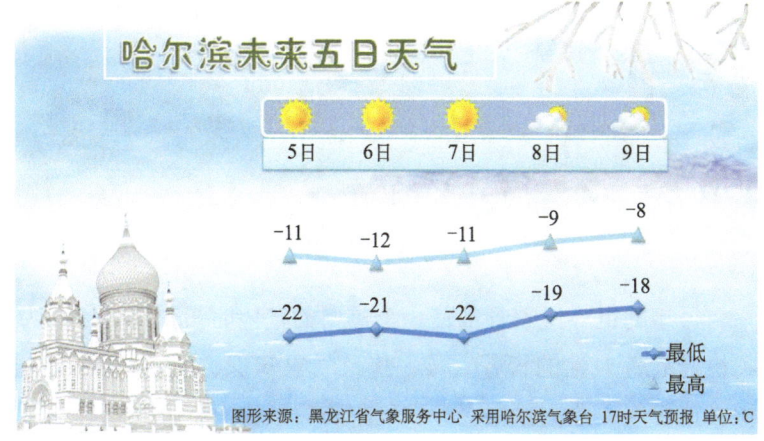

图 7.2 哈尔滨未来五日天气服务示意图

7.3 世界气象日

"世界气象日"又称"国际气象日",是世界气象组织成立的纪念日,具体时间在每年的 3 月 23 日。开展世界气象日活动的主要目的是让各国人民了解和支持世界气象组织的活动,唤起人们对气象工作的重视和热爱,推广气象学在航空、航海、水利、农业和人类其他活动方面的应用。

图 7.3 2017 年世界气象日体验活动

每年的世界气象日都是一个重要的宣传时机,我们以此为契机开展针对性的科普宣传,普及气象知识、弘扬科学精神,积极宣传气象监测预报服务和气象防灾减灾对保障经济社会可持续发展和人民安全福祉的作用,引导公众进一步关心、支持气象事业发展,促进公众科学素质的提升。例如,2017 年世界气象日上,我们开展"我做气象小主播"体验活动(图 7.3),

并增设了体验小小气象观测员的环节，结合着世界气象日的主题——"观云识天"，我们精心定制了科普图书《观云识天》《雾和霾的那点事儿》《防灾减灾气象知识小卡片》发放给前来参观的学生，这大大调动孩子们的兴趣，同时开拓了孩子们的气象视野，增长了气象知识。

7.4 清明节

清明一般是在每年的4月4日至6日。清明不仅是一个节气，也是人们祭祀祖先的传统肃穆节日，近些年来清明节更是成为了人们亲近自然、踏青游玩、享受春天乐趣的欢乐节日。

清明时节黑龙江省回暖明显，冰雪消融、风力加大，导致空气湿度下降，尤其林区林木含水率低，此时祭扫和郊游人员较多，森林草原火灾隐患极大，所以，我们天气预报服务里着重提倡大家文明祭扫，户外活动用火安全。

例

4月3日至5日，各地气温明显回升，幅度达到5～8℃，和升温相伴而来的是大风天气，全省大部有5～6级西南转西北风，局地阵风8级左右。结合近期我省空气持续干燥的情况，肆意加大的风力将明显提升森林草原的火险等级。另外清明临近，建议民众文明祭扫，避免户外用火。（2017年4月2日）

7.5 防灾减灾日

自2009年起，每年5月12日被定为全国防灾减灾日。该纪念日的设立一方面顺应社会各界对中国防灾减灾关注的诉求，另一方面提醒国民前事不忘，后事之师，更加重视防灾减灾，努力减少灾害损失。黑龙江省幅员辽阔，自然灾害种类多、分布广、频率高、损失大，我们要充分开展防灾减灾宣传教育活动，尤其是要关注气象与各类灾害之间的关系，以进一步唤起社会各界对防灾减灾工作的高度关注，增强全社会防灾减灾意识，普及推广全民防灾减灾知识和避灾自救技能，提高各级综合减灾能力，最大限度地减轻自然灾害的损失。

> **例**
>
> 今天是我国第11个全国防灾减灾日，今年的主题是"提高灾害防治能力，构筑生命安全防线"。灾害并不遥远，亟需防微杜渐。近期我省气温较高，风力较大，森林草原防火形势严峻。黑龙江省人民政府森林草原防灭火指挥部办公室、省气象局和省林业和草原局5月12日11时，联合发布除大兴安岭地区外的其他地区森林草原火险橙色预警信号：预计5月12日11时至20时，全省大部地区部分时段有4~5级风，阵风6~7级，气温高，无有效降水，森林草原火险气象等级高，请有关部门按照"预警响应方案"进入相应的工作状态，做好各项防范和扑火准备。（2019年5月12日）

7.6 高考

进入6月黑龙江省气温回升更加明显，最高气温可达到30℃以上，同时暖湿气流更加活跃，阵雨、雷阵雨、冰雹、短时灾害性天气时常发生，而此时正恰逢一年一度的高考，我们的服务里要着重关注气温、降水,尤其是昼夜温差、短时天气等,并对考生和家长提供针对性指导。

例

今天既是端午佳节,也是全国高考第一天,端午假期"撞上"一年一度的高考。高考首日往往是考生最紧张的一天,再遇上酷热的高温,实在是让人捏几把汗,而今天我省气温还是非常"友好"的,白天最高气温全省保持在23～27℃,夜晚的最低气温也在7～13℃,体感温度舒适,非常有利于考生应考。(2019年6月7日)

7.7 十一假期与赏叶

十一假期正处于秋分时节,昼短夜长日渐凉是天气的主要特征。此时冷暖空气的实力逐渐发生变化,日益强盛的冷空气不断南下,与逐渐衰减的暖湿空气相遇往往造成"一场秋雨一场凉"的局面,遇到强冷空气时甚至可能出现寒潮或雨雪天气。

而秋分时节也正是形成黑龙江省特色景观——"五花山"的最重要时段。黑龙江拥有全国最广阔的森林资源,每年的9月中下旬,随着天气转凉、昼夜温差加大,天然混交林中的各色树种开始变色,由于山势不同、坡向不同、接受光照不同,往往呈现深浅不一的绿、白、黄、红、紫等颜色,随着时间的沉积,自然之笔就会在浩浩荡荡的千里林海上绘就出层次分明、极具特色的"五花山"景观,吸引着来自天南海北的游客。

而十一假期正是欣赏"五花山"的最佳时期(图7.4),在这个时间不算长的黄金假日里,人们争相去欣赏这个持续时间

图 7.4 "五花山"的特色景观

也不会太长的美景。而此时我们服务重点要关注两个方面，一是天气变化，尤其是要注意昼夜温差及山区、林间小气候等，对游客出行提供指导；二是加强宣传贯彻保护自然资源，没有山，没有树，没有林，不管天气如何变换，也不会成为五花山，所以在对游客提供出行指导时，还要加强宣传爱护环境的重要性和深远意义。

7.8 中秋赏月

中秋节是我国古老、著名的传统节日，全国各地几乎都有赏月的习俗。中秋节赏月也是有科学根据的，一般来说秋季中期，北方干冷气流迫使夏季一直回旋在我国大部地区上空的暖湿空气向南退去，空气中水汽减少了，天空中的云雾少了，因而出现秋高气爽、夜空如洗的天气,所以月亮显得分外皎洁,使人产生"月到中秋分外明"的感觉。

而中秋也是黑龙江省秋冬交替的重要时节,虽然白天的气温还可能达到20℃以上,但早晚冷凉加剧,北部地区最低气温甚至跌破0℃,出现初霜冻,而哈尔滨等南部地区日较差都在12℃以上,所以我们要指导公众时特别关注温度的变化。

例

"一年中秋至,又见圆月时"。佳节赏月要看天气,今年中秋节当天,随着冷空气的东移,我省中西部地区天空放晴,夜间天空会呈现"朗月当空"或"彩云追月"的景象,非常适宜赏月,但夜间气温较低,预计17—22点的气温在5~10℃,户外活动要穿长衣长裤。而东部地区继续受冷空气的影响,普遍有小雨、部分地区有中雨,同时风力较大,总之是天公不作美、无缘观赏中秋明月。(2017年10月3日)